dtv
premium

Ausführliche Informationen über unsere
Autoren und Bücher sowie Themen, die Sie
interessieren, finden Sie auf unserer Website
www.dtv.de

Zum Buch hat der Autor eine Website eingerichtet:

www.kultur-des-veraenderns.de

Konrad Stadler

Die **Kultur** **des Veränderns**

Führen in Zeiten des Umbruchs

Deutscher Taschenbuch Verlag

Mix
Produktgruppe aus vorbildlich bewirtschafteten
Wäldern und anderen kontrollierten Herkünften
www.fsc.org Zert.-Nr. GFA-COC-001298
© 1996 Forest Stewardship Council

Der Inhalt dieses Buches wurde auf einem nach den
Richtlinien des Forest Stewardship Council zertifizierten
Papier der Papierfabrik Munkedal gedruckt.

Originalausgabe
November 2009
© Deutscher Taschenbuch Verlag GmbH & Co. KG,
München
www.dtv.de
Das Werk ist urheberrechtlich geschützt.
Sämtliche, auch auszugsweise Verwertungen bleiben vorbehalten.
Umschlagkonzept: Balk & Brumshagen
Satz: Greiner & Reichel, Köln
Gesetzt aus der Berkely Old Style 10,5/13,75
Druck und Bindung: Kösel, Krugzell
Gedruckt auf säurefreiem, chlorfrei gebleichtem Papier
Printed in Germany · ISBN 978-3-423-24764-1

Meiner Schwester Christa und meiner
Cousine Doris gewidmet

Inhalt

Einleitung

»Alles war etwas langsamer, überschaubarer, ein wenig gemütlicher, familiärer.« So oder so ähnlich fällt die Antwort aus, wenn ich in Unternehmen nach den wesentlichen Veränderungen in den letzten Jahren und Jahrzehnten frage. Und in der Tat: Vieles konnte früher langfristiger angegangen werden, Lieferanten und Kunden kannten sich über viele Jahre, für einzelne Arbeitsschritte war mehr Zeit vorhanden, das eigene Arbeitsgebiet war klar abgegrenzt, und mit einem festen Grundstock an Wissen, Methoden und Erfahrung ist man gut zurechtgekommen. Seit dieser Zeit haben Konzerne und mittelständische Unternehmen immer wieder Reorganisationen und Umstrukturierungen durchlaufen. Das optimale Ausnutzen der Ressourcen ist zu einem Überlebensfaktor geworden.

Aber gerade diejenigen, die schon viele Veränderungsprogramme in Unternehmen miterlebt haben, wissen, dass es heute um einen ganz anderen Ansatzpunkt geht. Denn der eigentliche Umbruch steht den Unternehmen erst noch bevor. Das hat vor allem mit den neu entstandenen Erfolgsfaktoren zu tun: Wendigkeit, Schnelligkeit, Anpassungsfähigkeit.

Bei der Begleitung von Veränderungsprozessen in unterschiedlichen Branchen und Unternehmensgrößen erlebe ich, wie Manager und Führungskräfte mit dieser Herausforderung umgehen. Über einzelne Veränderungsprojekte zu sprechen, wäre viel zu kurz gegriffen. Der entscheidende Punkt ist eine grundsätzliche Veränderungsfähigkeit von Unternehmen. Märkte und Technologien wandeln sich so rasant, dass kaum mehr langfristige Strategien verfolgt werden können. Was zählt, ist die Nähe zum Kunden, das frühe Erkennen von Marktentwicklungen und neuen Anforderungen, kurz: eine große Wachheit. Ganz entscheidend ist dabei, wie Menschen im Unternehmen zusammenarbeiten und ihr Wissen austauschen. Der Erfolg eines Unternehmens hängt immer stärker von der permanenten Erweiterung und Erneuerung von Wissen ab. Wissensvermehrung ist das Ergebnis eines Austauschprozesses. Solisten mit Ellenbogenverhalten bleiben isoliert und kommen mit ihrem Fachwissen nicht weit. In der Wissensökonomie gewinnt das beste Mannschaftsspiel. Wenn es um Offenheit und die Bereitschaft von Mitarbeitern geht, sich ständig auf neue Situationen einzulassen und miteinander neue Lösungen zu finden, dann ist das vor allem eine kulturelle Frage.

Mit diesem Buch möchte ich zeigen, wie eine Kultur des Veränderns entwickelt werden kann. Der Grundgedanke: Leben ist Veränderung. Ohne Veränderung ist keine Weiterentwicklung möglich. Organisationen stehen sich bei der Veränderung jedoch oft selbst im Wege. Sie fordern Veränderung von ihren Mitarbeitern, verhindern diese aber durch festgefahrene Strukturen und Denksysteme. Wie also, so lautet die Leitfrage, müssen Organisationen gestaltet sein, die organisch zusammen mit den Anforderungen von außen wachsen? Auf welche Bedingungen kommt es an, damit Mitarbeiter und Teams Veränderung als kontinuierlichen Prozess annehmen und leben? Als Antwort biete ich ein wertegeleitetes Führungsmodell an. Dass sich dieser Führungsansatz bereits in der Praxis bewährt hat, werde ich durch eine Reihe von Beispielen nachweisen. Das Buch liefert Ideen und Handlungsansätze, die jeder sofort für sich verwenden kann. Sowohl bezogen auf die Unternehmenskultur als auch auf die eigene Führungskompetenz erhält der Leser ein Raster für eine Standortbestimmung. Und er erhält Hilfen, wie er ganz persönlich in Zeiten des schnellen Wandels Lebensbalance gewinnen kann.

Umgestalten und Umbauen beginnt beim Umdenken. Die Herleitung des Führungsmodells setzt deshalb bei einem Umdenken von »Organisation« an: Welches Bild eines Unternehmens hat man im Kopf? Wie stellt man sich »Zusammenarbeit« vor? Überhaupt: Von welchem Menschenbild lässt man sich leiten? Das eigene Bild vom Menschen ist maßgeblich für das, was man Mitarbeitern zutraut und was nicht. Ich gehe vom Mensch als einem kulturellen Wesen aus. Das bedeutet: Der Mensch steht in einem Wechselverhältnis zu seinem Umfeld. Er formt es mit, wird aber ebenfalls davon geprägt. In einem Unternehmen ist dieses Umfeld die Unternehmenskultur. Die Unternehmenskultur ist der Raum, in dem der Mensch seine Anlagen entfaltet, weil er einen Sinn und Unterstützung für sein Tun erfährt. Je nachdem wie förderlich eine Unternehmenskultur ist, fällt auch die Entfaltungsmöglichkeit der Menschen größer oder kleiner aus.

Immer wieder höre ich in Unternehmen: »Wir haben doch eine Kultur.« Das stimmt. Jedes Unternehmen hat eine bestimmte Kultur. Trotzdem macht mich die Aussage stutzig, weil damit ein statischer Begriff von Unternehmenskultur zum Ausdruck kommt. Kultur ist mehr als Denkmalpflege! Kultur zeichnet sich eben dadurch aus, dass sie sich ständig weiterentwickelt, sich selbst hinterfragt und überprüft. Diese Selbstprüfung geschieht am besten über Werte. Werte zeigen ein Ideal an, ein Soll, an dem das Ist gemessen werden kann. In einer Wertekultur wird ein Anspruch definiert: Für was wollen wir stehen? Was streben wir an? Was wollen wir für andere leisten? Was ist das Besondere an uns? Werte verschaffen Selbst-Bewusstsein, weil sie Identität vermitteln und dadurch Halt und Orientierung geben. Dies ist besonders wichtig. Denn Veränderung ist mit Unsicherheit behaftet. Der Umbruch zeigt sich heute ja gerade darin, dass die Zukunft unbestimmter und unbestimmbarer geworden ist. Das wirkt sich auf das gesamte Leben aus. Vom Einzelnen wird eine hohe psychische Belastbarkeit, werden mehr Flexibilität und Selbstorganisation gefordert. Das Erleben von Unsicherheit verleitet aber Menschen dazu, an Bekanntem festzuhalten.

Es birgt sogar die Gefahr des zivilisatorischen Rückschritts. Zum Beispiel dann, wenn man andere mobbt aus Angst, selbst nicht bestehen zu können; oder wenn Menschen korrumpierbar und korrupt werden, ganz nach dem Brecht'schen Satz aus der Dreigroschenoper: »Erst kommt das Fressen, dann kommt die Moral«.

Die Kultur des Veränderns ist deshalb auch eine Antwort auf die Frage der Stabilität. In Zeiten des Umbruchs scheint die Stabilität verloren zu gehen. Das ist eine große Sorge der Mitarbeiter. Stabilität darf jedoch nicht statisch aufgefasst werden. Wer unter Stabilität die Aufrechterhaltung des Status quo versteht, der verbraucht all seine Kraft dafür und bleibt stehen. An der Frage der Stabilität entscheidet sich, was der Mensch aus einer unsicheren Situation macht. Nur in einer Kultur des Veränderns bewegen sich alle Beteiligten dauerhaft und gemeinsam nach vorn. Ausschlaggebend hierfür ist das Selbstverständnis der Führungskräfte.

Eine Kultur des Veränderns baut auf »Haltungseliten«. So drückt es der Ethiker Walther Zimmerli aus. Wer heute Führungsverantwortung übernimmt, der muss sich dadurch hervortun, dass er mit schwierigen Situationen besser zurechtkommt als andere, dass er mit Stress besser umgehen kann und dass er selbst dann, wenn andere schon nicht mehr aus noch ein wissen, in die Zukunft blickt und Ruhe bewahrt. Es sind Persönlichkeiten gefragt, die Brücken bauen, die fähig sind, Mitarbeiter selbst zu den Akteuren der Veränderung zu machen und ihnen ein neues System der Zusammenarbeit zu vermitteln. Das ist das Profil des neuen Managers, und seine wesentliche Kompetenz ist die Wertekompetenz. Haltungseliten sind geistige Eliten. Es sind Menschen, die sich intensiv mit sich selbst, mit ihren eigenen Werthaltungen und denen anderer auseinandersetzen. Menschen, die einen geistigen Übungsweg gehen, weil sie in der Lage sind, die Höhen und Tiefen ihres Lebens

für sich persönlich auszuwerten und in einen Reifungsprozess zu verwandeln. Es sind Menschen, die imstande sind, Krisen – eigene und im Unternehmen – als eine günstige Zeit für eine grundsätzliche Analyse zu nutzen, weil plötzlich alle Fragen offen daliegen.

Als ich einmal mit einer Gruppe von Managern über die Anforderungen an die Führungsarbeit angesichts des Wandels in diesem Unternehmen nachgedacht habe, sind Fähigkeiten herausgekommen wie: Orientierung geben, Mitarbeiter einbinden, entscheiden, begeistern. Da bemerkte einer der Teilnehmer:»Das ist doch das, was Führung grundsätzlich zu leisten hat.« Genau so ist es. In einer Zeit der Unsicherheit und des Wandels tritt der Anspruch an Führung und damit ihr Wesen nur noch deutlicher hervor. Wertekompetenz war immer schon wichtig. Aber in Grenzerfahrungen, wenn die Lage unsicherer und unüberschaubarer wird, wird sie unverzichtbar. Zur Führungskraft werden Mitarbeiter entweder, weil sie sich fachlich hervortun, oder weil sie ein gewisser Machtinstinkt nach oben treibt. Im behördlichen Umfeld sind es einfach die Jahre, die jemand hinter sich bringt, um befördert zu werden. Oder: Ein Unternehmensnachfolger erbt den Thron. Unter all denjenigen werden nur wenige ihrem Titel als Führungskraft wirklich gerecht. Nur wenige konzentrieren sich auf das, wofür sie eigentlich bezahlt werden: dafür zu sorgen, dass ihre Mitarbeiter die bestmögliche Leistung abliefern. Topmanager sind zumeist keine Führungskräfte, sondern haben eine politische Funktion. Die Ebenen unter den Repräsentanten sind häufig zu Ergebnisjägern verdammt. Ihr Imperativ lautet: Liefern! Kaum einer baut eine echte Beziehung zu seinen Mitarbeitern auf. Im mittleren Management begegnen einem schnell die obersten Sachbearbeiter: der Marktbereichsleiter einer Bank, der der beste Vertriebler ist; der Betriebsleiter einer Fabrik, der selbst sein bester Technologe ist. Dazwischen hat sich ein Heer von Projektmanagern herausgebildet, die mit knappen Ressourcen zu kämpfen und wenig Zeit für Teamentwicklung haben. Das Bild ist recht düster gemalt. Und tatsächlich: Fragt man Führungskräfte nach ihren wichtigsten Aufgaben, nennen die meisten die Mitarbeiterführung zuerst. Doch fügen sie gleich hinzu, dass sie kaum mehr als fünf oder zehn Prozent der eigenen Arbeitszeit dafür verwenden. Führung ist wie ein großer blinder Fleck, der nun entdeckt wird, da sich alle Vorzeichen ändern. Denn: Veränderung braucht Führung.

Die Wertekompetenz von Führungskräften ist das Fundament der Kultur des Veränderns. Um diese zu beschreiben, muss man nicht bei Null anfangen. Ich sehe im zweieinhalbtausend Jahre alten abendländischen Wertedenken alles dafür begründet. Es ist dies insbesondere die Methodik der Selbstreflexion und der Selbstverbesserung, wie Sokrates sie vertrat. Es sind die Ethiken, die Anhaltspunkte, die der abendländische Kulturkreis auf die Frage gefunden hat: Wie gelingt Leben? Wenn ein gesundes Wirtschaftssystem, wenn ein gesundes Unternehmen vom Prinzip des »Füreinander-Leistens« getragen ist, dann geschieht dies auf der Grundlage eines tief verwurzelten Wertedenkens. Ein auf Gewinnmaximierung angelegtes System, ein Turbokapitalismus, der Wertefragen ausklammert, ist krank und macht krank.

Den Wandel meistern – das geht nur gut, wenn der Mensch seine Wertmaßstäbe neu definiert. Das Steigerungsdenken ist an Grenzen gestoßen. Wer den Blick nicht auf das ganze Leben richtet und unterschiedliche Lebensfelder in eine Lebensbalance bringt, der entwickelt auch im Geschäftsleben eine Einseitigkeit. Steigenden Belastungen sind jene Menschen gewachsen, die ein Gleichgewicht aus Beschleunigung und Verlangsamung, aus Machen und Loslassen herstellen. Dauerhaft erfolgreich können Organisationen nur sein, wenn sie das menschliche Maß berücksichtigen. Die Kultur des Veränderns gründet auf einem

Balancedenken und auf einem Leben, bei dem Gedanken, Geist, Gefühle und Beziehungen nicht abgespaltet, sondern integriert sind. Die essenziellen Erfolgsfaktoren von Veränderung bauen darauf auf: Lebensmut und Lebensfreude.

»Die wirkliche Entdeckungsreise besteht
nicht in der Suche nach neuen Landschaf-
ten, sondern in einer neuen Art zu sehen.«
Marcel Proust

I. Werte – Schlüssel für das Organisationsmodell der Zukunft

1. Organisationen im Umbruch

Schon seit geraumer Zeit bauen Unternehmen Stellen in der standardisierten Produktion und Verwaltung ab. Zugleich suchen sie hoch qualifizierte Spezialisten. Die Wertschöpfung verschiebt sich weg von der materiellen hin zur immateriellen Arbeit. Immer mehr Menschen sind damit beschäftigt zu forschen, zu entwickeln, zu berechnen, zu designen, Wissen aufzubauen, Informationen zu finden und zu übertragen. Dabei ist die entscheidende Variable die Fähigkeit der Akteure, ihr Wissen ständig anzupassen und auszuweiten. Ein einzelner Wissensspezialist kann dabei nur bedingt erfolgreich sein. Das neue Mega-Erfolgsmuster heißt: Kooperation. Zwar hat eine Firma immer schon besser funktioniert, wenn die Mitarbeiter gut zusammengearbeitet haben. Geht es aber um die Vermehrung von Wissen, um komplexe Problembearbeitung, um die Weiterentwicklung der besten Ideen, dann wird Kooperation zum entscheidenden Erfolgskriterium.

Der Umbruch in Unternehmen bedeutet vor allem: die Transformation der industriellen Ökonomie zur Wissensökonomie; die Veränderung des Erfolgsmusters »Standardisierung« in das Erfolgsmuster »Kooperation«. Dabei muss erkannt werden, dass sich das industrielle Organisationsmodell an der Maschine und an dem Räderwerk einer Uhr orientiert. Dieses Bild ist geprägt von der Faszination des 19. Jahrhunderts, die Welt, die Gesellschaft, Menschen und Organisationen als ein mechanisches Getriebe zu erklären und zu behandeln. Mit dieser Idee konnte es gelingen, Arbeitsabläufe in linear verbundene Einzelschritte aufzuteilen und eine Organisation wie einen technischen Schaltkasten aufzubauen. Nicht nur die Produktion konnte mit Fließbändern und Arbeitstakten wie eine große Maschine aufgefasst werden, es war auch möglich, die Verwaltung wie einen Apparat zu organisieren; mit Formblättern, Arbeitsanweisungen, Standardabläufen. Das Denken in Räderwerken und mechanischen Arbeitsvorgängen und -übergängen hat eine ständige Geschwindigkeitssteigerung ermöglicht. Bis heute gelingt es Industriebetrieben, Taktzeiten weiter zu verkürzen. Ein Mitarbeiter in der Endmontage eines Autoherstellers schildert: »Als ich vor fünf Jahren in diesem Betrieb angefangen habe zu arbeiten, war die Vorgabe, alle zwei Minuten ein Auto vom Band gehen zu lassen, heute sind wir bei fünfzig Sekunden.«

Das Maschinenmodell gerät aber an seine Grenzen, wenn Kategorien wie Wissensaufbau, Wandel, Vielfalt immer wichtiger werden. Messgrößen wie Stückzahlen oder Durchlaufzeiten sind hier kaum relevant. Was zählt, ist etwas ganz anderes: Kreativität, Innovation, Problemlösung. Welches Organisationsmodell ist aber dafür adäquat? Wie kann das Leitmodell der Zukunft aussehen?

Vom Uhrwerk zur Expedition

Im Bild des Uhrwerks greifen Organisationseinheiten wie in einem Räderwerk ineinander. Jeder einzelne Arbeitsplatz entspricht einem kleinen Rädchen. Wechselt ein Mitarbeiter die Stelle oder kann er die geforderte Leistung nicht mehr erbringen, kann er durch ein gleichwertiges Rädchen ersetzt werden – so die Logik des Maschinenmodells. Tätigkeiten wie die Programmierung von Software oder die Erarbeitung einer Marketingstrategie funktionieren jedoch nicht nach dem Muster ineinandergreifender Räder. Den kreativen Prozess eines Designers in vorgestanzte Arbeitseinheiten zu zergliedern, ergäbe überhaupt keinen Sinn. Womöglich fällt diesem die entscheidende Idee für eine Kreation gar nicht im Büro ein, sondern im Café oder bei einem Spaziergang.

Wenn es um die Lösung diffiziler Probleme geht, dann greifen keine normierten Rädchen, sondern dann greift vor allem die Kommunikation von Mensch zu Mensch. Diese Kommunikation kann keinem exakten Plan, keinem Ablaufschema folgen und ist schwer in Arbeitseinheiten einzuteilen. Wenn sich zwei ehemalige Studienkollegen beim Mittagessen treffen, berichtet der eine beispielsweise von einem Kongress und liefert dabei dem anderen durch eine Detailangabe in einem Nebensatz ein wichtiges Versatzstück für eine Problemlösung. Wissen baut sich nicht monoton wie an einem Fließband auf, sondern ergibt sich aus einem Zusammenspiel von Experten, Vermittlern, Informationsquellen und Kommunikation. Diese Vorstellung macht den Blick frei auf das Modell eines Unternehmens oder einer Organisation als sozialer Organismus.

Unternehmen als sozialer Organismus

Wie kommt es, dass gut vorbereitete und durchdachte Veränderungsprozesse in der Praxis nicht oder nur schlecht funktionieren? Es hängt mit dem Maschinenmodell zusammen. Das Maschinenmodell missversteht Veränderungen als Schaltsequenz. Viele denken, mit der Einführung eines neuen EDV-Systems würden plötzlich alle Probleme wegfallen, so als würde man auf einen Lichtschalter drücken und das Licht geht an. Wer glaubt, eine Umstrukturierung auf dem Reißbrett aushecken zu können, und so tut, als könnten Menschen wie die Komponenten eines technischen Gerätes abgetrennt, verschoben und neu verkabelt werden, der scheitert an der Tatsache, dass soziale Systeme und Organismen ein Eigenleben haben. Die gewünschten Synergien bei Fusionsprozessen werden oft nicht erreicht, weil das Eigenleben der gewachsenen Systeme nicht erkannt wird und man so tut, als könnte man aus zwei verschiedenen Organismen ohne Weiteres einen machen. Doch Teams und Organisationen folgen eigenen inneren Gesetzen. So wie die Organe des Körpers, wie die Zellen des Gehirns stehen die Mitglieder einer Gruppe in Wechselwirkung zueinander und bilden gemeinsam ein größeres Ganzes. Dieser Organismus ist nicht genau durchschaubar und kommt auf seine ganz eigene Art zu Lösungen. Zum Beispiel finden Lagerarbeiter ohne Anweisung und Formblatt eine Lösung für die verzwickte Anfahrt eines Lastwagens auf dem Firmengelände. Oder: Obwohl es zeitlich schier unmöglich erscheint, bekommen die Mitarbeiter eine Vorstandsvorlage doch noch rechtzeitig hin. Menschen kooperieren von sich aus und organisieren sich zielgerichtet selbst. Die Selbstorganisation von Gruppen kann auch in einem Experiment beobachtet werden. Versuchsgruppen erhalten die Aufgabe, mit Papier und Kleber einen Turm zu bauen. Man kann gleich erkennen, dass jede Gruppe völlig unterschiedlich vorgeht. Einmal übernimmt einer oder übernehmen zwei die Initiative und die anderen arbeiten zu, ein andermal kommt es zu einer wechselnden Führung und bei der dritten Gruppe geht der produktiven Phase ein Zwist voraus. Am Ende – und das ist der Punkt – entsteht eine ganz eigene Entscheidungsstruktur und es bilden sich spezifische Handlungsmuster heraus. Das ist in einer Kindergartengruppe genauso wie in einem Forscherteam. Die Systemtheorie hat diese Mechanismen von sozialen Organismen untersucht und ist zu einem frappierenden Ergebnis gekommen: Soziale Organismen sind geschlossene Systeme. Ihr Hauptmerkmal ist die sogenannte Autopoiese, die Selbsterschaffung. Das Gehirn ist ein geschlossenes System, Gruppen, Teams und Organisationen ebenso. Geschlossene Systeme können gar nicht anders, als sich ihre Welt selbst zu erzeugen. Managern geht es so und Mitarbeitern auch. Menschen und Gruppen können nicht nach einem äußeren Schaltplan verändert werden. Von außen kann man Impulse senden, verändern und gestalten können sich soziale Systeme aber nur selbst.

Dieses Prinzip der Selbstorganisation kann durch folgende

Begebenheit veranschaulicht werden: Ein Abteilungsleiter geht mit seinen Entwicklungsingenieuren in einer Berghütte in Klausur. Es ist Winter. Als Abendaktivität ist Schlittenfahren angesagt. In der stockdunklen Nacht versucht der Manager, als alle oben am Berg angekommen sind, mit einer Taschenlampe winkend und wedelnd seine Mannschaft zu einer Formation zusammenzustellen. Doch das Gelände ist weitläufig, die Gruppe lässt sich nicht sammeln, es wird geplaudert, geschubst und gelacht, und so rauschen seine Mitarbeiter bald talwärts an ihm johlend vorbei. Keiner scheint ihn richtig zu hören und zu sehen. »Genau so«, erzählt er mit verwundertem Blick am nächsten Tag, »fühle ich mich häufig in meiner Führungsfunktion. Ich leuchte mit einer Funzel herum, versuche zu organisieren und Richtung zu geben, und doch läuft der Laden immer nach einer ganz eigenen Dynamik.« Dieses Beispiel illustriert das Eigenleben eines Teams von hoch qualifizierten Individualisten. Es zeigt, dass Instrumente wie Reportingsysteme und Planungstools – die Taschenlampe im Beispiel – nicht ausreichen, um Gruppenprozesse in den Griff zu bekommen. Ein rigider Führungsstil würde die Kreativität der Gruppe eindämmen. Fest steht: Es ist nicht die Taschenlampe, nicht die vom Leiter erdachte Formation, sondern die gemeinsame Schlittenfahrt, die das Team spielerisch vereint.

Die Eigendynamik sozialer Organismen erzeugt nachgerade Kreativität, Vielfalt, Wendigkeit. Der Psychologe Dietrich Dörner, der sich mit der Steuerung komplexer Systeme beschäftigt, hält deshalb nicht viel von schematischen Managementmethoden. Ein guter Komplexitätsmanager handle situationsbezogen und verstehe sich auf die Kunst des Improvisierens. So vergleicht der Ökonom und Vordenker Birger P. Priddat die Arbeitswelt im 21. Jahrhundert mit einem Spiel. Es müsse ein Raum für Selbsttätigkeit und Erfindungen geöffnet sein, um den sich ändernden Marktanforderungen gerecht zu bleiben. Arbeit sei unter diesen

Vorzeichen kein Ausführungsschema einer strikt hierarchisch bestimmten Organisation mehr, sondern die Kompetenz, neuen Situationen gegenüber gelassen zu reagieren und sie zu gestalten. Veränderung wird hier als ein spielerischer Fluss aus Interaktion und Kommunikation gesehen.

Wenn man Menschen im Spiel beobachtet, sei es beim Fußball oder beim Schach, so kann man die ständige Suche nach neuen Lösungen erkennen. Auch wenn es schwierig ist, einen Gegner zu überwinden, hat kein einziger Spieler wirklich ein Problem damit, sich ständig neue Spielzüge auszudenken und mit größtem Einsatz den Erfolg anzustreben. Die Bewegung, die Konzentration, Phasen der Unsicherheit, die Verarbeitung von Frusterlebnissen, das Zusammenspiel, aber auch die soziale Anerkennung sind ein unmittelbarer Teil des Spiels. Genau genommen ist der Spielgegner Lernpartner und manchmal auch Lehrmeister. Jeder Trainer im Sport weiß das. Das beste Training ist ein wichtiges Spiel, weil es dabei um etwas geht. Im unternehmerischen Sinne ist der Lernpartner ein intelligenter und anspruchsvoller Kunde. Das Spiel kultiviert Denkbewegungen und Kooperation als einen ständigen Anpassungs- und Veränderungsprozess. Bei einem starken Gegner zieht sich im Fußballspiel die komplette Mannschaft schnell hinter die Mittellinie zurück und verteidigt. Gleichzeitig lauern die Stürmer auf einen Konter. Das gemeinsame Ziel liegt in jedem Spiel auf der Hand: gewinnen. Eine PR-Agentur hat beispielsweise genau aus diesem Grund als Leitidee kein langatmiges Mission Statement definiert, sondern sich nur auf das eine Schlagwort eingeschworen: »Winning Team«. Das ist alles, und es sagt sehr viel aus. Es geht schlicht darum, immer besser zu werden, kontinuierlich an sich zu arbeiten und dadurch siegreich zu werden.

Eine Kombination: Struktur und Selbstorganisation
Auf der Basis des Rädchendenkens können sich kreative Prozesse schwer entwickeln. Auf der anderen Seite ist ein Unternehmen ohne ein Mindestmaß an Struktur, an Gesamtkalkulation und an zentraler Steuerung kaum denkbar. Der Soziologe Gerhard Schulze sieht es so: Ein Manager braucht heute eine Doppelqualifikation. Er muss rechnen können und er muss verstehen können. Das Rechnen bezieht sich auf die Sachen, das Verstehen auf die Menschen. Beides zusammengenommen, die lineare Betrachtung und die Denkwelt des sozialen Organismus, ergeben das ganze Bild. Ein gutes Beispiel für diese doppelte Denkweise gibt der Fall eines Managers ab, der aus einer Unternehmensberatung in ein Technologieunternehmen gewechselt hat. Als Erstes führt er erfolgreich eine Kostensenkung durch, dann baut er das Marketing aus und formuliert die strategische Ausrichtung neu. Schon bald wird ihm jedoch klar, dass er die Rechnung nicht ohne den Faktor Mensch machen kann; dass es nicht ausreicht, Lieferketten zu definieren, sondern dass auch Denk- und Verhaltensmuster auf ein neues Level gehoben werden müssen. »Ich kann ein Unternehmen in Zahlen und Prozessen beschreiben«, erklärt er, »wie aber geht das mit den Menschen zusammen?« Der Manager braucht einen Blick für die beiden unterschiedlichen Seiten der Organisation. Maßnahmen der Reorganisation können nur dann erfolgreich sein, wenn neben strukturellen Gesichtspunkten Raum für Selbstorganisation gegeben wird. Dazu zählt: das Kennenlernen der Projektbeteiligten und das Abgleichen von Zielen und Arbeitsstilen. Nur wenn der Annäherung der Menschen die gleiche Bedeutung beigemessen wird wie der Berechnung von Kosten und der Neustrukturierung von Geschäftsprozessen, kann das Projekt wirklich funktionieren. Fusionen, Wachstumsstrategien, Internationalisierungsprozesse gehen schief, wenn nur die technische, strukturelle, rechnerische, also die mechanische Seite

der Organisation wahrgenommen wird, nicht aber der soziale Organismus.

Die beiden Modelle, das der Maschine und das der Selbstorganisation, befruchten sich gegenseitig. Unternehmen brauchen weiterhin Standards und auch Stellschrauben. Wenn jede Abteilung eigene Instrumente entwickelt und anwendet, führt das zu nichts. Effizienz entsteht in einer Kombination notwendiger Vorgaben und Automatismen und dem Freiraum zur Selbstgestaltung. Management mit Fingerspitzengefühl gibt Leitplanken vor und definiert dadurch den Raum für Kreativität. Es fördert die Kooperation, die permanente Rückkoppelung zwischen Teams und Unternehmensbereichen, fordert aber auch eine Zielerreichung anhand von Kennziffern und festgelegten Zeitplänen ein. In der Automobilindustrie beispielsweise ist der enge Austausch zwischen Konstrukteuren, Fertigungsplanern und Technikern zu einem Erfolgskonzept geworden. Qualitätsprobleme beim Serienanlauf konnten so deutlich reduziert werden. Interdisziplinäre Teams organisieren sich selbst und erarbeiten neue Lösungsansätze. Gleichzeitig sind alle an einen Masterplan gebunden. Die besten Projekte haben einen guten Zwischenweg aus kreativer Selbstorganisation und übergeordneter Steuerung gefunden. »Ein Mal«, so resümiert ein Ingenieur auf einem Auswertungsworkshop, »ein Mal ist diese Balance nicht gelungen. Ein Projektmanager ist daran gescheitert, dass er den Masterplan zu seinem Gebetbuch gemacht hat.« Der »Masterplan-Gläubige«, so lässt sich schlussfolgern, ist im Maschinenmodell verharrt und konnte die produktive Dynamik der Gruppe nicht integrieren. Er war dadurch zu starr und zu langsam. Der reine Maschinensteuerer ist den Anforderungen einer auf Vielfalt und Innovation angelegten Zeit nicht mehr gewachsen.

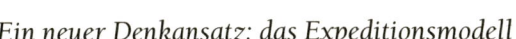

Ein neuer Denkansatz: das Expeditionsmodell

Wenn in Veränderungsprozessen über die Zukunft nachgedacht wird, taucht in Unternehmen immer wieder die Metapher von der gemeinsamen Reise auf. Dieses Bild ist sehr bezeichnend, weil kein bestimmter Zielzustand beschrieben wird, sondern auf das Miteinander-Unterwegs-Sein fokussiert wird. Die Veränderung selbst, das permanente Werden, wird als Hauptcharakteristikum der Zukunftsentwicklung ausgemacht. Der Weg ist das Ziel. Keiner weiß, wie die Weltwirtschaft, wie eine bestimmte Branche in zehn Jahren aussehen wird. Wachsamkeit und die Fähigkeit, sich jederzeit korrigieren zu können, sind die entscheidenden Erfolgskriterien. Aus dieser Sicht heraus entsteht ein neuer Denkansatz: die Betrachtung der Organisation als einer Gruppe von Reisenden auf abenteuerlichen Pfaden – das Expeditionsmodell.

Das lateinische *expedire* heißt wörtlich übersetzt: den Fuß befreien. Losgehen und etwas entdecken dürfen ist in der Menschheitsgeschichte ein Akt der Befreiung. Unternehmerische Menschen ziehen ihre Kraft aus der Möglichkeit, ihrer eigenen Neugier folgen zu können. Das Expeditionsmodell sieht ein Unternehmen als ein Zusammentreffen von Menschen, die gemeinsam ihrer Neugier folgen und sich auf eine gemeinsame Mission begeben. Die Gruppe kann das Ziel nur erreichen, wenn sie als starke Einheit unterwegs ist und jeder seine Kräfte, sein Wissen und seine Fähigkeiten voll einbringt. In ihrem Buch ›Shackletons Führungskunst‹ erzählen Margot Morrell und Stephanie Capparell die Geschichte des Polarforschers Ernest Shackleton. Berühmt wurde der Expeditionsleiter ausgerechnet durch eine fehlgeschlagene Forschungsreise. Auf seiner Antarktis-Expedition in den Jahren 1914 bis 1916 ist sein Schiff im Eismeer untergegangen. Doch es ist ihm gelungen, die komplette Mannschaft zu retten. In aussichtsloser Situation hatte er bei seinen Männern die Entschlossenheit zum Durchhalten wachhalten können. Wodurch? Er konnte jeden Einzelnen davon überzeugen, warum genau dieser für das Überleben aller gebraucht wurde.

Expeditionen sind nicht bis ins Detail berechenbar, sind risikobehaftet, weil man Neuland und wegloses Gelände betritt. Eine gründliche Planung, eine durchdachte Vorgehensweise und der Einsatz von zuverlässigen Instrumenten sind die Voraussetzung, um richtig zu starten, um Gefahren zu umgehen, um die Ressourcen richtig einzusetzen. Die Vorzeichen können sich aber rasch ändern. Hinter dem nächsten Felsvorsprung kann etwas völlig Unerwartetes lauern.

Die Erfolgskriterien im Expeditionsmodell sind eine klare Richtung, eine gemeinsame Überzeugung, ein schneller und vollständiger Informationsfluss, Veränderungsbereitschaft, die Übernahme von Verantwortung und der kreative Umgang mit Problemen. Jeder, der neu hinzukommt, bringt etwas Neues mit: neues Wissen, alternative Methoden. Dieser Input ist im Expeditionsmodell besonders wichtig, ja lebenswichtig, weil neue Sichtweisen dunkle Flecken des bisherigen Systems aufdecken und Handlungsmöglichkeiten erweitern. Nur wer auf der Höhe der Zeit agiert und nicht selbstgefällig an den eigenen Konzepten festhält, kann mit seiner Mission erfolgreich sein. Wissen und Lernen ist alles. Im Maschinenmodell wird ein Rädchen durch das andere ersetzt. Je glatter dieser Wechsel vonstattengeht, desto reibungsloser kann der Apparat weiterlaufen. Lernen findet dabei nicht statt. Maschinen werden gewartet, repariert, gegebenenfalls um ein Glied erweitert, jedoch im Grundaufbau nicht verändert.

Erfolge der Vergangenheit, eine unverwundbare Marke, ein großer Name, die schiere Größe des Unternehmens, alle diese einstigen Stabilisatoren können – bildlich für unsicher gewordene Zeiten gesprochen – in der Unwirtlichkeit einer Berglandschaft, im Durchwandern einer Wüste, beim Überqueren einer rauen See wenig Halt geben. Die Expedition kann nur auf eines bauen: den Zusammenhalt des Teams, auf Kooperation. Stabilität kann nur aus der Gruppe selbst entstehen.

Die Schlüsselstelle des Umbruchs: das Menschenbild

Die Expedition ist in die Zukunft gerichtet. Der Chef einer PR-Agentur weiß: »Wir häuten uns im Fünfjahrestakt. Nach fünf Jahren arbeiten wir zu einem großen Teil mit neuen Mitarbeitern, neuen Kunden und neuen Konzepten.« Die wesentliche Ressource für ein Konzept des permanenten Wandels ist der Mensch. Systeme und Maschinen sind starr und veraltet. Nur Menschen sind fähig, sich selbst ständig zu erneuern. Das ist nicht nur in einer PR-Agentur so. »Der Mensch ist der entscheidende Erfolgsfaktor bei uns«, sagt der Bereichsleiter eines Herstellers hochwertiger elektrischer Produkte. »Maschinen und Methoden sind kopierbar. Entscheidend ist, dass wir in der Wertschöpfungskette perfekt zusammenarbeiten.« Der Mensch wird im Expeditionsmodell weder als Rädchen noch als Einzelorgan eines sozialen Organismus gesehen, sondern als Person, die in Wechselwirkung mit anderen sich selbst ständig weiterentwickelt, die Aufgaben und Verantwortung übernimmt und daran wächst. Ein Rädchen auszuwechseln ist trivial. Durchmesser und Zackenanzahl sind einfach zu beschreiben. Menschen haben ein ganz eigenes Profil, eigene Ansichten, einen eigenen Kopf, haben genau das, was ein Unternehmen braucht, um Ideen zu kreieren und harte Nüsse zu knacken.

Unternehmen haben sich auf den Weg gemacht. Der Umbruch von einer statischen Welt in eine Welt des ständigen Wandels ist in vollem Gange. Die Schlüsselstelle beim Umdenken und beim Umbruch von Organisationen aber ist das Menschenbild.

Wissen und neue Ideen werden weniger an der Kontaktstelle des Menschen zur Maschine als vielmehr in der Zusammenarbeit der Menschen untereinander erzeugt. Unternehmen sind wie eine Expedition, auf der eine Mission verfolgt und Neuland entdeckt wird. Wo würden Sie sich auf dieser Expedition aufhalten? Ganz vorne als Vorhut oder eher im hinteren Drittel, um die Gruppe zusammenzuhalten? Oder einmal hier und einmal da? Unternehmen können nicht mehr als statische Einheiten, nicht mehr als Maschinen begriffen werden, sondern als dynamische Organismen, immer unterwegs, immer mit neuen Aufgaben konfrontiert, immer darauf angewiesen, dass sich die Mitarbeiter neu formieren, neu orientieren, neu formen, neu ausrichten und als Team unterwegs sind.

Der Mensch – ein kulturelles Wesen

Der hohe Stellenwert von Wissen und Wandel macht den Menschen zum Dreh- und Angelpunkt der Unternehmensentwicklung. Doch treten Menschen in Organisationen ganz unterschiedlich in Erscheinung. So gehen Veränderungsprozesse häufig schief, weil sich die Mitarbeiter nicht so verhalten, wie sie es sollten. Andererseits: Teams sind auch dazu in der Lage, Ergebnisse zu erzielen, die niemand für möglich gehalten hätte. Wie ist das zu erklären? Wie ist das mit dem »Erfolgsfaktor Mensch«? Was braucht der Mensch, um aufzublühen, um glänzen zu können, wie ist sein innerer Bauplan?

Der Mensch als Kulturwesen

Der Mensch ist das Kunstwerk der Natur, denn er ist frei, um zu urteilen und zu entscheiden, was er aus sich machen möchte. So sieht es Immanuel Kant. Der Mensch strebt danach, seine Anlagen zu vervollkommnen und über sich selbst hinauszuwachsen. Die Grundlage dafür bietet die Kultur. Der Mensch kann ohne Kultur nicht leben. Der Mensch ist ein Kulturwesen. Er wird in einen kulturellen Raum hineingeboren. Von der ersten Sekunde seines Lebens dringen Sprache, Gepflogenheiten, Weltanschauungen in ihn ein. Ab der Geburt wächst jedem eine zweite Haut, die kulturelle Haut. Die Kulturmuster selbst sind sehr unterschiedlich. Je nachdem, ob jemand bei den Inuits, in einem Stadtteil von New York oder am Mittelmeer aufwächst, sieht die kulturelle Haut ganz anders aus. Es gibt nichts am Menschen, was nicht kulturell überformt wäre. Die einen essen mit Messer und Gabel, andere mit Stäbchen, doch kein Mensch frisst wie ein Tier. Tut es jemand doch, spricht man von menschenunwürdigen Verhältnissen. Bei Menschen gibt es keine Aufzucht als Training angeborener Instinktmuster wie bei Tieren, sondern Kinder werden erzogen. Ihnen werden bewusst oder unbewusst Sitten, Bräuche, Werthaltungen, Lebenseinstellungen übergeben.

Ein Gruppenexperiment zeigt, wie Menschen in Unternehmen Kulturmuster entwickeln und danach handeln: Aus unterschiedlichen Berufen zusammengesetzte Teams haben den Auftrag, innerhalb von fünfzehn Minuten eine Unternehmensidee zu kreieren. Die Teams denken über Produkte und Vermarktungsstrategien nach. Gleichzeitig, offenbar ganz automatisch, entwerfen sie eine Unternehmenskultur. Die einen berichten, dass ihnen der Familiengedanke in ihrem neuen Unternehmen wichtig ist, andere sprechen von einer hoch effizienten Zielverfolgung. Schon nach fünfzehn Minuten hat sich eine Kultur gebildet, von der das Team überzeugt ist.

Der Mensch will »Ich« sagen
Zur kulturellen Veranlagung des Menschen gehört, dass er in seiner Entwicklung nie abgeschlossen ist. Das zeigt sich nach Kant auch daran, dass der Mensch wie kein anderer Mensch sein möchte. Und noch extremer: Der Mensch will nicht einmal wie er selbst sein, sondern er will über sich hinaus, weit hinaus. Sein ganzes Leben lang formt er sich weiter und wird geformt. Manche haben das Glück, als Jugendliche in eine gute Schule gekommen zu sein. Eine Schule, in der sich die Lehrer für die Schüler interessieren und ihnen über den Unterricht hinaus etwas vermitteln; ein guter Ort, um zu wachsen, um etwas Herausragendes leisten zu können. Was aber passiert in einer Organisation, in der Menschen mit Mitte dreißig ihre berufliche Entwicklung abschließen? Wie sehr widerspricht es dem inneren menschlichen Wachstumswunsch, wenn sich Mitarbeiter als eine Verschiebemasse in ferngesteuerten Umstrukturierungsmaßnahmen wiederfinden? Der Mensch, so der Philosoph Emerich Coreth, ist erst Mensch, wenn er »Ich« sagen kann. Wenn sich Mitarbeiter mit einem Veränderungsprozess

nicht identifizieren können, dann kommt ihr Ich zu kurz. Sie sind wie gelähmt, weil sie es nicht selbst sind, die ihr Leben vollziehen. Was Mitarbeiter frustriert, ist nicht die Tatsache, dass Unternehmen umgebaut werden, sondern dass sie sich mehr als Objekt denn als Subjekt empfinden. Daraus resultiert ein Empfinden von Ohnmacht.

Der Mensch ist ein Veränderer
Kultur ist für die Denker der Aufklärung der Fortschritt vom Rohen zum Edlen, der Zuschliff eines Rohdiamanten zu einem Juwel. Wenn im Sport ein junger talentierter Spieler in eine erstklassige Mannschaft kommt, wird er zu einer Spielerpersönlichkeit aufgebaut, indem er Spielkultur annimmt und erlernt: Offensivverhalten, Defensivverhalten, Mannschaftsspiel. In einer mittelmäßigen Umgebung bleibt das beste Talent begrenzt. Der Mensch wächst in einem Wechselbezug zu seiner Umgebung, im Tätigsein. Die Arbeit spielt für die kulturelle Formung des Menschen eine große Rolle. Arbeit ist zwar nicht immer schön, sie ist auch mühevoll und bedarf, wie Hannah Arendt sagt, der Ausdauer, um jeden Tag von Neuem aufzuräumen, was der gestrige Tag in Unordnung gebracht hat. Aber in der Arbeit bringt der Mensch seine Anlagen zum Einsatz und kann sich selbst darin verwirklichen. Umso wichtiger ist, dass der Sinnzusammenhang in der arbeitsteiligen Welt nicht verloren geht und jeder für sich die Verbindung zum ganzen Produkt behält.

Der Mensch ist ein *Homo faber*, ein Schaffender, ein aktiver Veränderer. Ihn als eine Blackbox zu betrachten, sein Innenleben, sein Eigenleben zu vernachlässigen, nur den Input und den Output wahrzunehmen wie im Maschinenmodell, wird der schöpferischen und gestalterischen Natur des Menschen nicht gerecht. In einen Menschen kann man nicht einfach etwas hineinstecken wie in eine Schachtel. Menschen eignen sich etwas an. Aneignung ist ein Prozess des Aufnehmens, des Verarbeitens und Umbauens. Manche Lehrer empfehlen ihren Schülern, sich vor einer Schulaufgabe einen Spickzettel zu schreiben – als Lernmethode. Denn beim Zusammenfassen von Inhalten muss man einen eigenen Denkweg finden, der zeigt, ob man etwas verstanden hat oder nicht.

Den Menschen als ein kulturelles Wesen zu betrachten, ist die Voraussetzung für ein neues Verständnis und für eine neue Funktionsweise von Organisationen. Wenn der Mitarbeiter als Gestalter und Veränderer gefordert ist, dann ist darauf zu achten, dass er bei seinen Handlungen auch tatsächlich »Ich« sagen kann. Veränderungsprozesse können nur dann erfolgreich sein, wenn die Beteiligten aussprechen können, was sie selbst damit erreichen wollen und welche Ziele sie dabei verfolgen. Können sie dies nicht, gehen sie nicht als ganze Person mit. Das Ergebnis der halben Menschen sind die halben Sachen.

Auf einer Expedition ist der ganze Mensch gefordert. Sie kann nur erfolgreich verlaufen, wenn sich jeder mit ihrem Ziel identifiziert. Das Ergebnis hängt davon ab, wie jeder Einzelne über sich selbst hinauswächst. Betrachten Sie den Menschen als Veränderer! Eine Expedition lebt von der Entdeckerlust. Bestärken Sie andere darin. Der Mensch ist ein Kunstwerk. Jeder ist sein eigener Bildhauer. Was Sie tun können und was Sie tun müssen, ist, dafür zu sorgen, dass der Einzelne nicht aufhört, sich als Kunstwerk zu bearbeiten. Achten Sie darauf, dass Sie selbst bei dem, was Sie tun, »Ich« sagen können, und dass die Menschen um Sie herum dies auch können. Nur so kann etwas gestaltet werden. Nur so können Dinge aktiv verändert werden. Schauen Sie, dass genügend Raum für alle da ist, um etwas aufnehmen, verarbeiten und selbst ge-

stalten zu können. Der Mensch will und muss sich selbst leben. Das ist genau das, was Unternehmen heute brauchen: Menschen, die sich auf den Weg machen.

2. Unternehmenskultur als Sinnraum

Der Mensch ist keine Komponente, kein Versatzstück, sondern eignet sich seine Welt aktiv an; er entwirft sich selbst und kann sich ein Leben lang erweitern. Wenn es aber wenig nützt, am Menschen herumzuschrauben, ihn einpassen zu wollen nach vorgefertigten Schablonen, dann stellt sich die Frage: Welche Umgebung braucht der Mensch, um wachsen und sich entfalten zu können? Man gelangt unausweichlich zu Fragen der Unternehmenskultur.

Das Bild der Maschine ist klar. Man kann Funktionen beschreiben und Schnittstellen definieren, Schaltpläne und Gebrauchsanweisungen verfassen. Wenn es im Getriebe klemmt, dann stehen entsprechende Instrumente zur Verfügung. Was aber ist unter Unternehmenskultur zu verstehen? Wie kann sie beschrieben werden? Wie ist sie zu handhaben?

Die Gewohnheiten eines Unternehmens

Das Wort Kultur kommt vom lateinischen *colere*, bebauen, pflegen, wohnen. Die Kultur eines Volksstammes oder einer Gruppe zeigt sich in ihren Gepflogenheiten: in der Sprache, in den Essgewohnheiten, in der Art, sich zu kleiden, in den Wohn- und Umgangsformen. Analog kann Unternehmenskultur die Gewohnheiten und Gepflogenheiten eines Unternehmens beschreiben: die Art und Weise, wie miteinander umgegangen wird, wie Probleme angepackt werden, wie Entscheidungen zustande kommen, wie Krisen bewältigt werden, wie Informationen verteilt werden. Für den Organisationspsychologen Edgar Schein ist Unternehmenskultur der Ausdruck und die Beibehaltung dessen, was sich bewährt hat, der Niederschlag von Erfolg.

Gelernte Erfolgsstrategien werden bei neuen Problemen wieder angewendet, bilden Annahmen über richtiges und falsches Vorgehen, erzeugen Gewohnheiten des Denkens und des Handelns. Unternehmenskultur ist das, was den Mitgliedern einer Organisation selbstverständlich ist, das, was eingeübt ist, das, was man tut und wie man es tut.

Wie empfindlich Menschen auf Unterbrechungen von Gepflogenheiten reagieren, zeigt folgendes Beispiel. Ein Werksleiter pflegt über zwanzig Jahre lang die Tradition, jedem Mitarbeiter zum Jahreswechsel persönlich ein gutes neues Jahr zu wünschen. Er geht durch die Werkshallen, schüttelt Hände und spricht mit den Leuten. Als der Werksleiter in den Ruhestand geht, führt sein Nachfolger dieses Ritual nicht fort. Nicht, weil er von so etwas nichts hält, sondern weil er einen eigenen Stil prägen und andere Zeichen setzen möchte. Die Mitarbeiter aber sind empört und Gerüchte machen sich breit: »Das ist doch bestimmt einer von diesen Sanierern, die den Mitarbeitern aus dem Weg gehen, um sie dann bei Bedarf nur kühl zur Seite zu schieben.« Der neue Chef versteht die Welt nicht mehr. Er hat unterschätzt, dass die Mitarbeiter mit dem Neujahrsritual Wertschätzung, die Eingebundenheit in eine Unternehmensfamilie und damit Fürsorge verbunden haben.

Niemand wird in einem Einstellungsgespräch offiziell in die Denk- und Handlungsmuster einer Organisation eingewiesen, weil diese nicht offen und konkret formuliert sind, sondern unsichtbar die Geschicke leiten. Die ungeschriebenen Regeln und Normen entdecken viele erst dann, wenn sie in ein Fettnäpfchen treten.

Gewachsene Denkmuster

Eine Unternehmenskultur wird nicht im Konferenzraum definiert und dann umgesetzt, sondern sie ist geschichtlich gewachsen. Schicht für Schicht lagern sich Erfahrungen und Denkmuster ab und prägen Denkart und Handlungsweisen. Dazu folgendes Beispiel: Zwei Unternehmensberater machen sich selbstständig und gründen eine eigene Firma. Die beiden kennen sich lange, haben Erfahrungen in Unternehmen und Beratungsfirmen gesammelt, verstehen sich und legen los. Eine Erfolgsgeschichte nimmt ihren Lauf. Erst Jahre später, als ein Leitbild diskutiert wird, wird den beiden Geschäftspartnern klar, dass sie das Unternehmen durch ihre persönlichen Einstellungen und Überzeugungen mit einer ganz bestimmten Kultur ausgestattet haben; ein halb bewusster, halb unbewusster Prozess. Beide Gründer waren sich immer einig, dass sie sich von klassischen Unternehmensberatungen unterscheiden wollen. Sie zielten auf langfristig angelegte Kundenbeziehungen ab und haben darauf hingearbeitet, dass ihre Berater nicht abwanderten, sondern sich als Teil einer Unternehmensfamilie empfanden. Um den Familiengedanken und die Zugehörigkeit zu stärken, wurden bei Veranstaltungen und Firmenfesten Lebenspartner und Familien einbezogen. Die Beratungsfirma hat nur in einem sehr geringen Umfang hierarchische Strukturen aufgebaut. In dem einen Projekt ist man in Leitungsfunktion, in einem anderen bringt man seine Spezialkenntnisse ein. »Dieses Organisationsprinzip entspricht den Persönlichkeiten der zwei«, wissen Weggefährten. »Das sind keine Machtmenschen, denen geht es um die Sache und sie haben Spaß daran, wenn die Mitarbeiter etwas aus sich machen. Diese Philosophie prägt das ganze Unternehmen.«

Eine Unternehmenskultur wird durch Persönlichkeiten und deren Überzeugungen geprägt; von deren Vorstellungen, wie

Erfolg entsteht, wie Menschen am besten miteinander auskommen, was ein sinnvoller Umgang mit Geld ist, wie Qualität zu beurteilen ist. Ein Bauunternehmer sagt von sich: »Ich habe ganz bewusst die Überzeugungen unserer Familie zur Maxime unserer Unternehmenskultur gemacht. ›Verlässlichkeit‹ und ›Solidarität‹ sind in meiner Familie ein hohes Gut und damit ist das für die Mitarbeiter authentisch.« Doch nicht nur Familien und einzelne Persönlichkeiten wirken sich auf das Denken in einem Unternehmen aus. Ebenso tun dies gute und schlechte Erfahrungen. Ein Unternehmer berichtet, wie seine Mitarbeiter in einer schwierigen wirtschaftlichen Phase einen Monat lang auf ihr Gehalt verzichteten. Das Verhältnis von Eigentümern und Belegschaft, der Glaube an den gemeinsamen Erfolg, das Vertrauen zueinander ist von dieser Geschichte geprägt. »Im letzten Jahr lief es gut und ich konnte jedem zu Weihnachten einen Tausender extra geben«, berichtet der Unternehmer zufrieden. Eine Firma, in der gestohlen wurde, geht fortan anders mit Kassenzugang und Zeugnisnachweisen um. Wer dies miterlebt hat, denkt danach anders über Vertrauen und Kontrolle. Kulturprägende Ereignisse erkennt man daran, dass sie immer wieder erzählt werden: Geschichten über Menschen, Ereignisse und Begebenheiten.

Im gemeinsamen Haus, in der gemeinsamen Unternehmenskultur wird dieselbe Sprache gesprochen. Schon Andeutungen genügen, damit der andere weiß, wie etwas gemeint ist. Wenn neue Mitarbeiter davon sprechen, in einem Unternehmen noch nicht angekommen zu sein, dann sind sie noch nicht eins mit der neuen Kultur, haben den Stallgeruch noch nicht angenommen und fühlen sich noch nicht heimisch. Kulturen müssen sich finden. Das ist im privaten Bereich genauso wie in der Geschäftswelt. Auch in einer Partnerschaft treffen zwei Kulturen aufeinander. Jeder der beiden Partner hat seine Gepflogenheiten und seine Eigenheiten, steht zu einer bestimmten Zeit auf, lässt die Zeitung nach dem Frühstück liegen oder hat einen ganz bestimmten Ort, wo er sie hinlegt. Der andere hat andere Angewohnheiten. Wenn Kinder kommen, zeigen sich die Denkmuster der beiden Partner über »Familie«, Übereinstimmungen und Abweichungen werden deutlich. Im äußersten Fall kann es zum Kulturschock kommen. Ähnlich ist es bei Firmenfusionen. Die Mitarbeiter des einen Betriebs haben gelernt, dass sie mit einem geradlinigen Zielmanagement erfolgreich sind, beim anderen hat sich der Teamgedanke bewährt. Wenn die beiden Unternehmenskulturen aufeinanderprallen, sind Missverständnisse und Schuldzuweisungen vorprogrammiert. Erst wenn die eingeschliffenen Denkmuster bewusst gemacht werden, können Einzelsituationen besser verstanden werden und die Partner können sogar voneinander etwas lernen.

Gute und schlechte Angewohnheiten

Unternehmenskulturen haben immer gute und schlechte Seiten. In jedem Unternehmen haben sich gute und auch schlechte Angewohnheiten manifestiert. Unpünktlichkeit beispielsweise ist eine schlechte Angewohnheit, weil dadurch anderen die Zeit gestohlen wird. Wenn dies zu einer Gewohnheit, zur Kultur wird, schadet es dem Miteinander. Es wird zu einer Unkultur. Wenn E-Mails verschickt werden, nur um sich selbst abzusichern und Verantwortung auf andere abzuschieben, dann fällt das unter die Kategorie der Unkultur. Wenn die Teilnehmer in einer Besprechung an ihren Notebooks arbeiten und nur mit einem Ohr der Diskussion folgen, dann ist das eine Besprechungs-Unkultur. Unkultur herrscht, wenn Führungskräfte Mitarbeiter nicht grüßen, wenn Mitarbeiter jammern, aber Kritik nicht sachlich offenlegen, wenn mehr übereinander als miteinander gesprochen wird, wenn Ideen abgekupfert und als eigene verkauft werden. Wenn in einem Unternehmen eine Unkultur herrscht, wird das Betriebsklima vergiftet.

Die Bewertung von Kultur und Unkultur ist auch vom Kulturkreis abhängig. Für viele Deutsche ist es eine Unkultur, wenn Vereinbarungen nicht in einer Besprechung getroffen werden, sondern außerhalb. Norweger dagegen verbinden die Besprechungskultur gerne mit der Saunakultur. Sitzungen sind dann vor allem dazu da, Informationen zu sammeln, Standpunkte zu vergleichen und sich eine Meinung zu bilden. Der Austausch, aus dem später auch Entscheidungen hervorgehen, findet in entspannter Atmosphäre in der Sauna statt. Wenn deutsche Ingenieure in einem Gremium präsentieren, kommen sie gern schnell zur Sache und zeigen mit dem Laserpointer auf Flussdiagramme, Tabellen und Matrizen. Für Engländer und Amerikaner ist das ein nahezu barbarischer Akt, bemisst sich die Präsentationskultur in deren Vorstellung doch nach ihrem Unterhaltungswert. Anspielungen, Witze und Selbstironie sind Stilmittel, die schon in der Grundschule eingeübt werden. Andere Länder, andere Sitten.

Auch Professionen sind kulturell unterschiedlich. Juristen haben gelernt, bei Statements die Wenns und Abers einer Sache in einer Reihe von Nebensätzen unterzubringen. Dies ergibt in feinmaschigen rechtlichen Auseinandersetzungen Sinn. Nichtjuristen empfinden einen solch verschachtelten Satzbau in Vorträgen und Wortmeldungen als Zumutung und rhetorische Unkultur.

Wie sich zeigt: Unternehmenskultur hat viele Gesichter. Vor allem ist Unternehmenskultur nie abgeschlossen. Kultur ist keine Denkmalpflege, in der bewährte Handlungsmuster konserviert werden, sondern ein fortwährender Prozess. Jede Gruppe muss immer wieder aufs Neue an ihrem sozialen und mentalen Unterbau arbeiten. Internationale und interdisziplinäre Teams sind ganz anders zu gestalten als die Zusammenarbeit unter Alteingesessenen. Wenn etwa bei der Internationalisierung eines

Unternehmens der »kleine Dienstweg«, die spontane Absprache im Nebenbüro nicht mehr mit allen möglich ist, dann müssen eben neue Formen gefunden werden, um sich mit den Kollegen der ausländischen Standorte zu treffen und auszutauschen.

Geistiger Ackerbau

Der Urbegriff der kulturellen Arbeit ist die *agri cultura*, die Bodenpflege, der Gartenbau. Der Bauer rodet den Wald, legt Ackerflächen an und gestaltet die Natur nach seinen Vorstellungen. So wie der Gärtner Disteln entfernt, heißt es auch in Unternehmen Formen der Unkultur zu tilgen und für eine gedeihliche Umgebung zu sorgen. Wenn sich Menschen grüßen und miteinander reden, kommen sie besser miteinander aus, als wenn jeder nur vor sich hin arbeitet. So wie in der *agri cultura* der Acker bearbeitet und die Frucht veredelt wird, so veredelt die Kultur den Geist. Cicero spricht vom geistigen Ackerbau. Die Gestaltung eines guten Umfelds kultiviert den Menschen. Das zeigt sich in guten Sitten, in Manieren und in rücksichtsvollem Umgang.

Eine Tomatenkultur breitet sich aus, indem der Gärtner ein Gewächshaus errichtet, gießt, Insekten fernhält und faule Tomaten ausreißt. Geza Czomós, eine Theoretikerin der Unternehmenskultur, überträgt diesen Gedanken auf die Wirtschaft. Ein Unternehmer kann seine Softwareentwickler nicht anweisen, acht Stunden am Tag gute Einfälle zu haben. Was er aber tun kann, ist, so wie ein Gärtner ein positives Klima zu schaffen; bezogen auf das Arbeitsumfeld heißt das: ein helles, ruhiges Büro, eine freundliche und freundschaftliche Arbeitsatmosphäre, das Fernhalten bürokratischer Hürden und einengender Strukturen, ein hohes Maß an Wertschätzung. Zwei Beispiele zeigen, was das in der Praxis bedeuten kann.

Ein Unternehmer beginnt mit Ende Fünfzig damit, die Auf-

gaben des operativen Managements mehr und mehr zu delegieren. Er selbst legt seinen Arbeitsschwerpunkt auf die Gestaltung der Unternehmenskultur. Sein größtes Interesse gilt
der Führungskräfteauswahl und -entwicklung. Er selbst sieht
es so: »Die erste Führungsebene läuft bereits nach meinen Vorstellungen. Ich kümmere mich mittlerweile um die nächste und
die übernächste Führungsgeneration. Ich schaue mir die Mitarbeiter genau an. Ich beobachte sie, wenn sie von der Hoch-
schule zu uns kommen und wie sie sich mit der Zeit machen.
Wenn es uns gelingt, die richtigen Menschen in Position zu bringen, dann ist das die beste Grundlage für die Zukunft meines
Unternehmens.« Dieser Unternehmer hat die Gärtnerschürze
übergestreift und konzentriert sich auf die Kultur in seinem Unternehmen. Er zieht seine Pflänzchen hoch, er lässt ihnen Zeit,
gibt ihnen aber auch eine Richtung, indem er seine Erwartungen
beschreibt und Feedback gibt. Wenn notwendig, nimmt er eine
faule Tomate heraus. Kultur unterscheidet sich vom Wildwuchs,
indem sie aussortiert und in Bahnen lenkt.

Ein anderes Beispiel wiederum zeigt einen Bankdirektor, der
beim Neubau eines Bankgebäudes kulturelle Aspekte berücksichtigt. Für ihn sind Geschäftsräume wie ein Gewächshaus,
in dem Ideen und Lösungen wachsen, eine Umgebung, in der
sich Kunden wohlfühlen und in denen Geschäftsbeziehungen
gedeihen. In den Besprechungsräumen stehen nirgends klobige
Tische. Die Mitarbeiter sitzen im Kreis oder lehnen an Stehti-
schen. Meetings – das ist die dahinterliegende Botschaft – sind
der Ort für einen lebendigen Austausch und keine statischen
Sitzungen. Der Empfang der Bank erinnert an eine Lounge. Der
Kunde kann verweilen, einen Espresso trinken und sich aus der
gut sortierten Präsenzbibliothek ein Buch zur Hand nehmen.
Der Atmosphäre wird hier ein hoher Stellenwert beigemessen.
Mitarbeiter können in einer stimmigen Atmosphäre besser ar-
beiten und Kunden fühlen sich wohler.

Einen Sinnraum schaffen

Was für eine Pflanze die Sonne und der Regen sind, das ist für den Menschen der Lebenssinn. Der Mensch hat einen »Willen zum Sinn«, sagt Viktor Frankl. Der Mensch möchte etwas Sinnvolles tun. Was, so Frankl, der Mensch vor allem brauche, sei nicht das Glücklichsein an sich, sondern ein Grund zum Glücklichsein. Um seine Anlagen verfeinern zu können, benötigt der Mensch eine Art geistiges Biotop, einen Sinnraum, eine Umgebung, in der er etwas Sinnvolles zu seinem Dasein und dieser Welt beitragen kann. Wie kann ein Sinnraum aufgespannt werden? Welche Pfeiler sind dazu notwendig?

Wesentlich ist: Menschen wollen wissen, warum und wofür sie etwas tun. Sie wollen den Sinn und den Zweck, den Grund und die Absicht kennen. Nur wer das Ziel vor Augen hat, kann seine Kräfte bündeln. Man kann sich einen Bogenschützen denken, der konzentriert dasteht und seine ganze Aufmerksamkeit auf die Zielscheibe richtet. Der Begriff der *Intention* beschreibt die Bündelung der geistigen Kräfte auf ein Ziel. Menschen, denen die Intention, die Ausrichtung fehlt, machen mal dieses, mal jenes, finden aber keine Linie. Andere lösen schwierige Aufgaben, weil sie einen Sinn erkennen. Im Wort Intention steckt der lateinische Wortstamm *intensio*, die Anspannung. Wenn sich Menschen etwas vornehmen und auf etwas hinarbeiten, entsteht eine positive Spannung. Arbeitsteams laufen zur Bestform auf, wenn sie unter Hochdruck einen Auftrag hinbekommen. Ein spannendes Projekt bietet mehr Leistungsanreiz als ein langweiliges. »Es muss brummen«, hat einmal ein Interimsmanager gesagt und gemeint, dass nichts schädlicher für ein Unternehmen ist, als wenn zu wenig los ist, wenn alles gleichförmig dahinläuft. Dann beginnen Organisationen damit, sich mit sich selbst zu beschäftigen, und Mitarbeiter verlagern ihr Engagement nach außen. Der Bogen kann auch überspannt werden, wenn zu viel verlangt wird oder die Ziele unerreichbar sind. Dann geht der Schuss nach hinten los und die Mitarbeiter resignieren.

Der Mensch fragt nach dem Wozu. Wozu ist es gut, etwas zu ändern? Wozu soll ich mich anstrengen? Mitarbeiter möchten wissen, wie das Unternehmen nach einer Umstrukturierung aussehen soll. Sie suchen nach einem Bild, einer Vorstellung. Ein Manager aus der IT-Branche spornt seine Mannschaft mit dem Satz an: »Wir arbeiten an einer Welt, in der der Kühlschrank den Joghurt selbst bestellt.« Das ist ein konkretes Bild. Zu wissen, dass man das Leben anderer verbessert, gibt ein gutes Gefühl und motiviert mehr als ein Incentive. Der Grundgedanke jedes Unternehmens ist es, für die Kunden etwas zu erleichtern, zu vermehren, zu verschönern, zu verbessern, zu veredeln. Wie lautet die Geschichte dazu? Wie sieht das genau aus? Wer dies beschreiben kann, wer Mitarbeitern quasi einen Film von der beabsichtigten Zukunft vorführen kann, der liefert die Motive, die Ideen, die Menschen brauchen, um loslegen zu können.

Die Person entfalten

Der Mensch ist auf Sinn angewiesen. Er existiert nicht einfach wie das Tier und spult ein Verhaltensprogramm ab. Im Menschen steckt mehr. Die philosophische Tradition versucht dieses Phänomen im Begriff der *Person* zu fassen. Für den Theologen Josef Goldbrunner ist Person Gabe. Aber die Gaben und die schöpferische Kraft des Menschen liegen nicht offen da, sie sind verborgen und müssen erst ausgegraben werden. Talente müssen entdeckt werden. Erst wenn ein musikalisches Kind am Klavier sitzt, kann sich sein Talent entfalten. Das lateinische Verb *personare* heißt hindurchklingen. Wenn ein Mensch das zu ihm passende Arbeitsfeld gefunden hat, dann entsteht eine Resonanz zwischen den inneren Anlagen und der Anwendung in der Außenwelt. Ohne passende Aufgabe bleibt die Gabe im Dunkeln.

In einem Sinnraum werden die Gaben des Einzelnen aufgedeckt, indem ihm die richtigen Aufgaben zugeordnet werden. So wurde zum Beispiel in einem Beratungsunternehmen eine Mitarbeiterin für die Weiterentwicklung von Befragungsinstrumentarien eingestellt. Doch es kam schnell anders. Im Unternehmen tauchten Probleme in der Projektkoordination auf. Einer der Partner entdeckte die Begabung der »Neuen« für diese Aufgabe. Er hatte beobachtet, wie die Mitarbeiterin mit Stress umging, wie sie sich bei allem, was sie anpackte, ein Ordnungssystem schaffte, wie sie kommunizierte. Die Umbesetzung zur Projektmanagerin stellte sich als Volltreffer heraus. Die Talente der Mitarbeiterin passten perfekt. Ihre Art der Kontaktpflege, ihr Fingerspitzengefühl bei Engpässen hat das ganze Team weitergebracht.

Wenn sich Führungskräfte für ihre Mitarbeiter interessieren, lernen sie immer neue Seiten des Einzelnen kennen. Die nähere Kenntnis von Fähigkeiten und Charaktereigenschaften hilft, um die Mitarbeiter besser an ihre eigenen Potenziale heranführen zu können. In einer Werbeagentur wurden aus diesem Grund die Talente der Mitarbeiter gezielt erfasst. Auf einer Firmenkonferenz haben sich die Mitarbeiter gegenseitig nach Interessen und Fähigkeiten befragt, ganz unabhängig von den unmittelbaren Anforderungen des Geschäfts. Herausgekommen ist ein Fundus an Spezialkenntnissen und Branchenwissen. »Ich habe mit einem Kollegen gesprochen, der ein passionierten Taucher ist«, erzählt eine Mitarbeiterin über die »Talentsichtung«. »Seine Erfahrungen sind Gold wert für eine PR-Aktion bei einem Kunden aus der Sportartikelbranche, der Tauchen dabei zu einem Schwerpunkt machen möchte.«

Die meisten Menschen wissen selbst nicht genau, was alles in ihnen steckt. Sie sind sich in gewisser Hinsicht selbst ein Rätsel.

Dieses Rätsel kann nach und nach aufgelöst werden. Die Grundlage dafür sind Entfaltungsdrang und Wandlungswille. Menschen, die etwas ausprobieren, können mehr über das erfahren, was in ihnen angelegt ist. Die Selbsterforschung ist aber nur das eine. Das personale Wachstum ist auch auf den Dialog angewiesen; darauf, dass von außen jemand auf einen schaut und etwas sieht, was man selbst nicht sieht. Das ist es, was in einem Sinnraum passiert. Menschen schauen aufeinander, schauen genauer hin, wo sich ein Talent zeigt, und spiegeln es einander. Menschen brauchen Resonanz, brauchen Begleitung und einen Fingerzeig auf das, was sie sind, was sie nicht sind und was sie sein können.

Die persönliche Entwicklung verläuft nicht linear. Jeder kennt Phasen, in denen man sich getragen fühlt und das Gefühl hat, es geht stetig bergauf. Es geht aber nicht gleichmäßig nach oben. Reifungsprozesse gleichen eher einer Sinuskurve als einer aufsteigenden Geraden. Ein Mitarbeiter mit Ende Dreißig kann fachlich fit und anerkannt sein und dennoch in eine berufliche Krise geraten. Fragen tauchen auf: Soll ich diese Arbeit bis zur Rente machen? Welche Perspektiven habe ich noch? Einen Blick für die Entwicklungskurve zu haben, da zu sein, zuzuhören, damit wird, wie Goldbrunner es nennt, die Person angerufen und fällt nicht in sich zusammen. So wie im Beispiel einer Behörde, in der die Bezeichnung »die Abgeschlossenen« zu einem feststehenden Begriff geworden ist. Gemeint sind Mitarbeiter, die sich damit abgefunden haben, beruflich nicht mehr weiterzukommen: junge Mitarbeiter, talentiert und gut ausgebildet, die jedes Jahr einen Gang zurückschalten.

Ein Sinnraum ist wie ein geistiges Biotop, in dem sich die Person wie ein Same zur Frucht ausbilden kann. Das nützt den Mitarbeitern, weil sie persönlich wachsen, und es nützt dem Unternehmen, weil die Begabungen der Mitarbeiter seine wesentliche Ressource ist. Dennoch: Ein Teil eines jeden Menschen bleibt verborgen und bleibt ein Geheimnis. Würde zu wahren bedeutet, bei einem Menschen nie das Letzte herausholen zu wollen, sondern ihn als das zu respektieren, was er ist und was möglich ist.

Kooperation aufbauen

Im persönlichen Wachstum des Einzelnen liegt ein großes Potenzial für jedes Unternehmen. Ein noch reicherer Schatz jedoch verbirgt sich in der Verknüpfung der Einzeltalente. Für Unternehmen wird die Frage immer wichtiger, wie gut es ein Team schafft, Informationen zu verarbeiten und neues Wissen aufzubauen. *Kooperation* wird zum Erfolgsfaktor Nummer eins. Jedoch: Kooperation, eine Leistungsgemeinschaft, entsteht nicht automatisch. Ein Musikchor beispielsweise ist nicht nur die Summe der Einzelstimmen. Erst wenn alle Sänger genau aufeinander abgestimmt sind, kann der Chor seinen vollen Klang, sein Profil und seinen besonderen Charakter herausbilden. Der perfekte Zusammenklang ist aber davon abhängig, wie weit sich jeder Einzelne öffnet und einlässt. Dabei werden Fragen aufgeworfen: Was verbindet uns, was steht zwischen uns, wie gut können wir uns vertrauen? Erst auf dieser zwischenmenschlichen Basis kann ein Team einen Mehrwert gegenüber dem Einzelkämpfer erzeugen.

Der Nutzen der Kooperation liegt auf der Hand. Die Gruppe kann die Defizite des Einzelnen ausgleichen, und wenn die Einzelfähigkeiten sich ideal ergänzen, ist ein Team unschlagbar. Im sogenannten NASA-Spiel wird die Leistungsfähigkeit eines Teams mit Einzelleistungen verglichen. Aufgabe ist es, verschiedene Gegenstände wie Streichhölzer, Sauerstofftanks, Signalleuchtkugeln für eine simulierte Mondlandung in eine Rangordnung zu bringen. Dabei ist abzuwägen, was unbedingt benötigt wird und was weniger wichtig ist, um die zweihundert

Meilen zur Basisstation zu überwinden – eine komplexe Aufgabe. Die Lösung beruht auf einer von der NASA definierten Liste. In der ersten Phase arbeitet jeder für sich, in der zweiten Phase werden Teams gebildet. Ergebnis: Die Teamleistungen sind durchweg besser als die Einzellösungen.

Das englische *cooperativeness* ist mit Hilfsbereitschaft zu übersetzen. Damit ist etwas sehr Grundlegendes ausgesagt. Wenn in einer Gruppe jeder bereit ist, den anderen zu unterstützen, dann entsteht ein tragfähiges Beziehungsnetz. In einer Teamübung wird dieses Netz visualisiert: Die Teammitglieder versammeln sich um ein großes Plakat. Jeder schreibt seinen Namen darauf. Dann tragen die Kollegen gegenseitig ihre Stärken ein: brillanter Analytiker, einnehmender Humor, guter Konfliktlöser. Im nächsten Schritt werden Querverbindungen gezeichnet, bilaterale Verknüpfungen zwischen den Individuen. In einer Gruppe von zehn Mitgliedern existieren fünfundvierzig Zweierbeziehungen; fünfundvierzig Möglichkeiten der gegenseitigen Unterstützung und Ergänzung, der Verbindung von Logik und Empathie, von Erfahrung und Dynamik, von Nachdenklichkeit und Pragmatismus. Wenn diese Verbindungen funktionieren, dann ist in einem Team fast alles möglich.

Kooperation siegt. Das hat der Kooperationsforscher Robert Axelrod herausgefunden. Wer nicht kooperiert, der fällt auf Dauer gesehen aus dem Netz heraus. Private und geschäftliche Beziehungen entfremden sich, wenn sie nicht genährt und gepflegt werden. Irgendwann lösen sie sich komplett auf. Doch genauso gibt es einen positiven Kooperationszirkel. Er folgt dem Prinzip: Wer gibt, dem wird gegeben.

Eine gute Unternehmenskultur wirkt auf die Mitarbeiter wie ein geistiges Biotop, ein Sinnraum. Wenn das Klima stimmt, dann ist sowohl jeder Einzelne als auch die Gruppe kreativer und leistungsfähiger. Kultur ist geistiger Ackerbau. Sie schafft Bedingungen, die die Ressourcen und Fähigkeiten, die in einem Unternehmen stecken, zutage fördern und veredeln. Wird Unternehmenskultur als ein Sinnraum gestaltet, dann wachsen die Mitarbeiter nicht nur selbst, sie wachsen auch zu einer Leistungsgemeinschaft zusammen und identifizieren sich mit den Zielen. Wie groß ist der Sinnraum bei Ihnen im Unternehmen? Wird den Mitarbeitern ein griffiges Zukunftsbild vermittelt? Herrscht eine positive Anspannung, die jeden anregt, sich für die Sache einzusetzen? Wie gut kennen Sie Ihre Kollegen und Mitarbeiter? Wie intensiv haben Sie sich mit den unterschiedlichen Seiten und Begabungen der Mitarbeiter befasst? Zum Sinnraum gehört eine gute Kooperation. Wie ist es um die Hilfsbereitschaft in Ihrer Arbeitsumgebung bestellt? Wie sehr öffnen sich die Menschen? Betonen Sie gemeinsame Erfolge und spiegeln Sie jedem Einzelnen seinen Beitrag dazu! So schweißen Sie ein Team zusammen. Eine Unternehmenskultur ist auch von Gewohnheiten geprägt, denn Verhaltensweisen schleifen sich ein, ohne dass man viel darüber nachdenkt. Im Hinblick auf das eigene Unternehmen ist man oft betriebsblind. Fragen Sie deshalb Außenstehende nach ihrer Meinung. Fragen Sie Kunden, Lieferanten, Berater, was diesen an Ihrer Unternehmenskultur auffällt, wie sie die Zusammenarbeit und die Kommunikation empfinden. Würdigen Sie die Erfolgsmuster der gewachsenen Unternehmenskultur, aber gehen Sie gegen Formen der Unkultur vor.

3. Von der Unternehmenskultur zur Wertekultur

Eine Unternehmenskultur kann nur gezielt weiterentwickelt werden, wenn ein Soll-Profil dafür geschaffen wird. Dabei muss die Frage gestellt werden, was das Unternehmen ausmachen soll, was mit Blick sowohl auf die interne Zusammenarbeit als auch auf die Außenwirkung das Wesentliche, das Besondere, das Spezifische des Unternehmens sein soll. Der beste Ansatz dafür ist die Herleitung und die Beschreibung von Werten. Werte sind wie die Kristallisationspunkte einer Kultur. Mit ihnen kann das vielschichtige Gebilde »Kultur« in seinen wesentlichen Grundprinzipien dargestellt werden. Will man beispielsweise die europäische Kultur erläutern, so könnte man eine schier unendliche Liste an Einzelausprägungen anlegen. Man würde die Mentalitäten einzelner Länder und Regionen unterscheiden, man würde Verhaltensmuster differenzieren, sprachliche Codierungen usw. Blickt man dagegen auf die europäischen Grundwerte, so können drei, vier Aussagen eine sehr spezifische Charakterisierung ergeben, so etwa das spezielle Verhältnis von Individualität und Solidarität, das sich im Laufe der Jahrhunderte in dem großen Kulturraum Europas herauskristallisiert hat und das sich zum Beispiel von den nordamerikanischen oder asiatischen Werten absetzt.

Werte können zur Beschreibung der Ist- und der Soll-Kultur eines Unternehmens dienen. Das eine ist eine Vergewisserung der eigenen Denk- und Funktionsweise, das andere ist die Ausrichtung an den zukünftigen Marktanforderungen.

Werte – ein »Gesundheitscheck« für Unternehmen

Was steckt dahinter, wenn man von »Werten« spricht? Der englische Begriff für Wert ist *value*, abgeleitet vom lateinischen *valere*, gesund sein. Fragt man, was ein gesundes Unternehmen ausmacht, kommt man auf Antworten wie: Eine ausreichende wirtschaftliche Basis ist vorhanden, die Arbeitsplätze sind sicher, das Unternehmen ist unabhängig. Ein volles Bankkonto reicht jedoch nicht aus, um ein Unternehmen als gesund bezeichnen zu können. Verlässliche Geschäftsbeziehungen zu Kunden und Lieferanten gehören ebenso dazu wie ein gutes Arbeitsklima und gesunde Mitarbeiter. Ein werteorientiertes Unternehmen kann in dieser Deutung gleichgesetzt werden mit einem gesunden Unternehmen. Wie gesund ein Unternehmen in dieser Hinsicht ist, kann in einem Schnelltest erkannt werden. Man muss sich nur kurz mit den Kunden unterhalten: Fühlen diese sich in guten Händen? Wird aufmerksam und flexibel auf unterschiedliche Anforderungen und Situationen reagiert? Oder man fragt Mitarbeiter: Fühlen diese sich weder unter- noch überfordert, sondern gut unterstützt und motiviert, dann kann man davon ausgehen, dass sich die Führungskräfte mit Wertefragen beschäftigen.

Die Werte eines Unternehmens sind ein Indikator für die gesundheitliche Verfassung eines Unternehmens. Sie können zu einer Art »Gesundheitscheck« dienen, einer Vorsorgeuntersuchung, die den Ist-Zustand unter die Lupe nimmt. Materielle Werte, d. h. wirtschaftliche Daten, sagen etwas über den physischen Gesundheitszustand aus. Immaterielle Werte, d. h. die Unternehmenskultur, zeigen den seelischen Gesundheitszustand an. Der Vorstand eines großen Baustoffherstellers hat diesen Zusammenhang einmal so hergestellt: »Meine beiden Vorgänger haben das Unternehmen saniert und auf die Anforderungen des Marktes ausgerichtet. Das Unternehmen steht wirtschaftlich gut da. Meine Mission ist es jetzt, den inneren Kern, die Verantwortungsbereitschaft, die Toleranz, die Fairness und die Feedback-Kultur auf Vordermann zu bringen. Was wir brauchen, um dauerhaft gesund sein zu können, ist Aufgeschlossenheit, Durchlässigkeit, Lernbereitschaft. Das spielt sich alles auf der Ebene der Kultur ab.«

Ein guter Indikator für den seelischen Zustand eines Unternehmens ist die Gesprächskultur: Hat man sich in einem Team etwas zu sagen oder gehen einem schnell die Themen aus? Wird über andere hergezogen oder konzentriert sich jeder auf das, was zu tun ist? Wie interessant oder langweilig sind die Gespräche?

Auch die Einschätzung der Mitarbeiter, ob Geben und Nehmen im Gleichgewicht sind, kann als Indikator für ein gesundes Unternehmen herangezogen werden. Hier scheint durch, dass der Begriff »Wert« ursprünglich aus der Ökonomie kommt und den Tauschwert bezeichnet. Wenn die Mitarbeiter den Eindruck haben, dass ihnen zu wenig Wertschätzung für die erbrachte Leistung entgegengebracht wird, dann fühlen sie sich schlecht behandelt und ausgebeutet. Wenn die Geben-und-Nehmen-Bilanz in Arbeitsbeziehungen nicht passt, kommt es zu Konflikten.

Maßstab für Fitness

Gesundheit allein reicht aber in einer harten Wettbewerbssituation nicht aus. Die Leistungsfähigkeit eines Unternehmens hängt wie im Sport von der Fitness ab. Wenn ein Sportler an seiner Fitness arbeitet, dann orientiert er sich an den Anforderungen, die auf ihn zukommen. Die Soll-Anforderungen eines Unternehmens definieren sich über die Marktsituation und über die eigene strategische Ausrichtung. Wo will man in Zukunft stehen? Wie positioniert man sich? Wie weit möchte man in fünf Jahren sein? In diesem Zusammenhang muss man prüfen, welche Unternehmenskultur und welche Werte notwendig sind, um den gesteckten Zielen gerecht zu werden. Werte werden damit zu einem Maßstab für die Fitness und die Zukunftsfähigkeit eines Unternehmens.

Eine PR-Agentur hat die Wertmaßstäbe für die eigene Zukunftsfähigkeit einmal so beschrieben: »Voraus-denken, Wissen-teilen, weiter-entwickeln«. Das Kapital des Unternehmens sind die Köpfe, die Ideen, die Konzepte. Je intensiver die Ideenproduktion läuft, desto besser funktioniert das Unternehmen. Wenn die Mitarbeiter vorausdenken, Wissen teilen und sich selbst weiterentwickeln, dann ist das der entscheidende Motor für den Erfolg.

Wenn Unternehmen ihre Fitness testen, wenn sie wissen möchten, wie gut sie auf den Wettkampf vorbereitet sind, ob die Kondition stimmt, die psychische Belastbarkeit, dann können Werte als Messinstrumente dienen. Man kann prüfen: Was sind die Werte, die uns in der Vergangenheit ausgemacht haben? Welche Krankheitsanzeichen und Krankheitsursachen sind zu erkennen? An welchen Stellen trägt die gewachsene Kultur und wo blockieren Gewohnheiten, wo kreuzen eingefahrene Bahnen das Vorankommen? Das sind die Fragen, mit denen sich ein Unternehmen selbst infrage stellt, und es sind auch die Fragen, mit denen es sich aufmacht hin zu einer Wertekultur.

Komfortzonen durchstoßen

Eine Wertekultur bedeutet mehr, als überlieferte Werte zu haben. Eine politische Partei, ein Kloster, eine Gewerkschaft, ein Verband mit wohlklingenden Werten haben nicht automatisch eine Wertekultur. Der entscheidende Punkt liegt woanders.

Die Analogie des Baumes kann zeigen, worum es geht. Stellt man sich ein Unternehmen als Apfelbaum vor, dann wären die Äpfel der Ertrag: der Gewinn, die Eigenkapitalrendite, die Kundenzufriedenheit. Den Stamm und die Äste kann man sich als die Organisation denken, die Struktur und die Abläufe. Der Baum ist dann stabil und bringt Früchte hervor, wenn er auf einem guten Boden steht und gut verwurzelt ist. Die Unternehmenskultur, so kann man es sich vorstellen, ist wie das Wurzelwerk und der Boden. Der Boden ist in der Unternehmensgeschichte Schicht für Schicht gewachsen. Darin lagern Erfahrungen, Arbeitsstile, Wissensbestände. Wenn man den Boden genauer untersucht, zeigen sich durchlässige und fruchtbare Stellen, aber auch Lehmschichten, die das Durchsickern des Wassers, den Durchfluss behindern und verstopfen. In einer Wertekultur wird, bildlich gesprochen, der Boden umgegraben und untersucht, wird das vorhandene Wertegerüst infrage gestellt, werden Verkrustungen aufgebrochen. Das lateinische Urwort von Kultur, *colere,* steht eben nicht nur für Pflegen, sondern auch für Pflügen.

Große Bauwerke werden mit einem Spatenstich feierlich initiiert. Der Spatenstich ist ein Symbol für den Aufbau von etwas Neuem. Übertragen auf Unternehmensentwicklung heißt das: Um sich zu erneuern, um Neues aufzubauen, um Durchbrüche zu schaffen, müssen Komfortzonen durchstoßen werden. Wenn sich die Außenbedingungen ändern, wenn sich das Klima ändert, wenn Stürme auf den Baum einwirken, dann ist es angebracht, sich die Kultur genauer anzusehen; die Durchlässigkeit, die Atmungsaktivität, die Fruchtbarkeit des Bodens zu begutachten.

Die Analyse der Kultur bedarf eines sehr gründlichen Aufarbeitens. Im gewachsenen Boden kleben Lehm, Humus und Sand aneinander. Aufgeschlossenheit, Verbohrtheit, Offenheit, Missmut, die verschiedenen Gemüts- und Gemengelagen ver-

mischen sich. In einer Wertekultur wird die Unternehmenskultur wie in einer geophysikalischen Untersuchung unter die
Lupe genommen: Was sind die Ressourcen, die Bodenschätze?
Was nährt die Zusammenarbeit? Wo sind Lehmschichten? Passt
die bestehende Unternehmenskultur zur Strategie? Und dann
die Frage: Wie ist mit den Befunden umzugehen? Was ist zu tun?
Dazu einige Praxisbeispiele.

In einem weltweit führenden Technikunternehmen ist Folgendes passiert: Im Ursprungsbetrieb hatte sich über Jahrzehnte
eine Erfolgskultur herausgebildet. Know-how, Problemlösungs-
kompetenz, Kommunikation – alles top. Die Abteilungsleiter
kannten sich aus den örtlichen Vereinen, trafen sich zum Mittagessen und sprachen mehrmals am Tag miteinander. Man war
stolz, immer einen Konsens zu finden. Im Zuge der Internationalisierung wurden Fertigungswerke in ganz Europa und in den
USA aufgebaut. Plötzlich funktionierten die Erfolgsmuster nicht
mehr. Der polnische Fertigungsleiter war bei den spontanen Zu-
rufen auf dem Gang des Stammwerkes schlicht nicht dabei und
die Lösung eines technischen Problems in den USA per Telefon
war nach dem bisherigen Rezept »schnell mal die Köpfe zusam-
menstecken« nicht möglich. Die Frustrationserlebnisse stiegen.
Der »Inner Circle« des Stammwerkes rückte als Reaktion darauf
noch enger zusammen und bildete eine Mauer. Eine in sich betrachtet exzellente Unternehmenskultur wurde auf diese Weise
zum Hemmschuh für eine Unternehmensentwicklung unter
neuen Vorzeichen. Erst als – ausgelöst durch einen Kulturpro-
zess – vermehrt auf internationale Treffen umgeschaltet worden
ist, hat die neue Organisation zu atmen begonnen, Vorurteile
sind abgebaut worden, und mit den Gesprächen haben sich die
Verständigung und das gegenseitige Verständnis verbessert.

Ein anderes Beispiel für eine Wertekultur liefert ein Hotel-
direktor, der zusammen mit seinen Mitarbeitern einen Ver-
haltenskodex erstellt, die Zehn Gebote des Unternehmens. Der

Kodex hat für den Hotelier einen konkreten Zweck: Er möchte damit das Verhalten aller Mitarbeiter messen und bewerten; sich selbst eingeschlossen. Beim Beurteilungsgespräch liegen die Zehn Gebote im Kreditkartenformat bereit. Der Chef geht die Gebote Punkt für Punkt durch. Das Gebot »Aktive Mitgestaltung der Organisation« wird nicht nur auf den Veranstaltungsmanager und die Empfangschefin angewendet, sondern auf alle; den Küchenleiter, den Ober, die Buchhalterin. Die Messlatte liegt hoch. »Wir können mit der technischen Ausstattung hochmoderner Hotels nicht mithalten«, weiß der Hotelier, »wir müssen den Unterschied im Auftreten, im Flair machen. Und dazu kann jeder Mitarbeiter etwas beitragen.«

Werte spiegeln das, worauf es ankommt, um gesund und stark zu sein. Werden die Werte missachtet, schwächt das das Unternehmen. Wenn ein Mitarbeiter gegen einen Unternehmenswert wie »Teamarbeit« verstößt, sein Wissen nicht weitergibt und nur am eigenen Vorankommen interessiert ist, dann ist er kulturell nicht kompatibel. Nicht jeder passt in jede Kultur. Dies sollte offen besprochen werden. Unternehmen verabschieden sich zu einem Großteil von Mitarbeitern nicht aus fachlichen Gründen, sondern weil eine »kulturelle Abstoßung« stattgefunden hat. Ein langjähriger Stabsmitarbeiter eines großen Mittelständlers hat das Wertesystem mit einem Immunsystem verglichen. Er schimpft: »Bei uns kommen heute Leute nach oben, die nichts anderes als Karriere im Kopf haben. Bei der Präsentation guter Ergebnisse schieben sie sich nach vorne, aber für die Allgemeinheit tun sie nichts. Noch vor Kurzem hätte unser Wertesystem solche Typen ausgestoßen wie einen Krankheitserreger. Aber unser Immunsystem ist offensichtlich schwächer geworden.«

Eine Wertekultur erkennt man daran, wie sehr ein Team, ein Unternehmen bereit ist, über sich selbst nachzudenken. Eine Wertekultur ist eine sich selbst bewertende Kultur. Dieser

Prozess kann sehr emotional sein. Der Leiter eines Geschäftsbereiches beispielsweise versuchte in vielen Gesprächen seine leitenden Angestellten davon zu überzeugen, dass sich das Unternehmen fundamental verändern müsse. Doch wenig geschah. In einer Managementklausur brach es dann aus ihm heraus und er polterte: »Ihr seid doch selbst alle Verhinderer.« Erst als sich jeder der Führungskräfte selbst betroffen fühlte und über sich selbst ins Nachdenken kam, erst als die Komfortzonen durchstoßen wurden, konnte ein Veränderungsprozess eingeleitet werden.

Auf die Wertegemeinschaft setzen

Der Philosoph Jürgen Habermas hat aufgezeigt, dass Werte heute nicht mehr von Traditionen und von Autoritäten vorgegeben werden können, sondern dass sie in einem gemeinsamen Diskurs erstellt werden müssen. Das Beispiel aus einem Großkonzern kann das bestätigen. Der Vorstand hatte dort schon länger gemerkt, dass er beim Thema »Führen« ansetzen muss, um das Arbeitssystem der Organisation zu reformieren. Auf einer Montagsbesprechung diskutierten die Manager die Vorgehensweise und kamen schnell zum Schluss: Ein Führungsleitbild ist Chefsache. So opferten sie ein ganzes Wochenende, um es auszuarbeiten. Werte und Prinzipien wurden ausformuliert, Leitsätze geknetet. Drei Wochen danach hatten alle Führungskräfte des Unternehmens das Leitbild in der Hand. Die Reaktion war allerdings sehr negativ. Das Leitbild fiel schlichtweg durch. Die Vorstände konnten den Unmut überhaupt nicht verstehen, so haben sie eigens eine Sondersitzung dazu eingelegt. Der Vorstandsvorsitzende machte schließlich kein Hehl daraus: »Unsere Mitarbeiter haben sich einfach nicht eingebunden gefühlt. Noch vor zehn Jahren hätten alle unsere Vorgabe geschluckt, aber heute musst du die Leute viel mehr mitnehmen. Das wird erwartet. Wir fordern doch, dass Verantwortung übernommen wird.« Der Wertediskurs bietet den Betroffenen die Gelegenheit, sich auseinanderzusetzen, sich einzubringen und sich dann mit den definierten Werten zu identifizieren.

Eine Wertekultur bildet in Anlehnung an den Philosophen Ludwig Wittgenstein ein Sonderklima, in dem nicht Üblichkeiten gefolgt, sondern eine Lebensform gepflegt wird, die einer Prüfung standhält. Üblich mag es sein, es einem Kollegen heimzuzahlen, der einen übervorteilt. In einer Wertekultur muss es anders zugehen. Da werden die Sachen ausgesprochen oder, wenn es sein muss, offen ausgekämpft. Auf diese Weise wird das verformte Leben wieder in Form gebracht. Eine Wertegemeinschaft erklärt sich dazu bereit, Probleme nicht durchschnittlich zu lösen, sondern überdurchschnittlich. Der ethische Anspruch würde allerdings scheitern, wenn von einem unrealistischen Menschenbild ausgegangen würde. Es kann nicht darum gehen, dass alle immer perfekt reagieren. Was man aber erwarten kann, ist, dass sich alle immer wieder vom Alltäglichen distanzieren und Probleme aus dieser Warte heraus reflektieren und miteinander bearbeiten.

Vom Diskurs zum Werteleitfaden

Es ist neun Uhr morgens. Hundertfünfzig Führungskräfte haben sich zu einer Wertekonferenz eingefunden. Der Vorstandsvorsitzende tritt auf. Er spricht darüber, wie er in verschiedenen Stationen als Manager selbst gemerkt hat, worauf es wirklich ankommt, wie sich überdurchschnittliche von mittelmäßigen Teams unterscheiden, was es heißt, Probleme gemeinsam zu lösen. Er wirkt authentisch, spricht frei, alle merken: Für ihn sind Werte wesentlich. Die Teilnehmer sind so auf die Tische verteilt worden, dass sich die wenigsten genauer kennen. Ein Werteprozess ist auch ein Prozess des Kennenlernens: Welche Ansichten gibt es? Wie können die unterschiedlichen Kompetenzen und Blickwinkel ein Ganzes bilden?

Schritt für Schritt werden die Werte für die Zukunft herausgearbeitet. Die Fragen sind: Was kommt auf uns zu? Wo wollen wir hin? Auf welchen Werten bauen wir auf? Was hindert uns? Nach anderthalb Tagen hat sich die Gruppe auf drei Kernwerte festgelegt. Doch die gemeinsame Erarbeitung hatte noch einen entscheidenden Zusatzeffekt: Vorurteile wurden abgebaut, ein gemeinsamer Geist, die Wertegemeinschaft, ist spürbar geworden.

Jeder Mitarbeiter braucht Zeit, um sich auf einen Werteprozess einzulassen und sich zurechtzufinden. Jedes Team benötigt einen eigenen Anlauf, um die Werte für sich selbst zu übersetzen und anzuwenden. Hilfreich dafür ist ein Werteleitfaden, der konkrete Anregungen gibt, wie die Werte in den Alltag hineingetragen werden können. In einem Fall wurde zum Beispiel der Wert »Mut« so übersetzt: Ergreife Initiative; stelle Fragen, um an den Kern der Sache zu kommen; lass dich durch Rückschläge nicht entmutigen; stehe zu Entscheidungen; gehe offen mit Fehlern um; biete Rückhalt. In einem anderen Beispiel wurde der Wert »Wissenstransfer« an Spielregeln geknüpft und in einem persönlichen Leitfaden als tägliche Erinnerung niedergeschrieben: Gib den Projektbeteiligten unmittelbar Feedback, wie etwas gelaufen ist; reden geht vor mailen; fasse zum Projektende die Ergebnisse in drei Charts zusammen; biete dein Wissen aktiv an; nimm das Wissen anderer in Anspruch; führe einen Workshop zum Wissenstransfer durch.

Der Werteleitfaden ist eine Richtschnur für das tägliche Handeln. Er kann als Tagesvorbereitung und -nachbereitung dienen. Er kann Regeln für Besprechungen, für den Umgang mit dem E-Mail-Verkehr, für Kritikverhalten beschreiben. Er kann Gedankenanstöße zur persönlichen Balance geben oder Anregungen zu einer guten Kommunikation liefern. Ein Projektleiter beispielsweise nutzt seinen Werteleitfaden, ein Heft mit zwei Umschlagseiten in der Größe eines Personalausweises, für seinen wöchentlichen Jour fixe. Zu jedem der drei Unternehmenswerte stehen darin je vier Handlungsanweisungen für den Arbeitsalltag. Er greift eine der Handlungsanweisungen heraus – etwa: »Behandle den anderen so, wie du selbst behandelt werden möchtest« – und regt eine kurze Reflexion und einen Realitätsabgleich im Team dazu an.

Wertebegriffe sind zumeist groß angelegt: Fairness, Nachhaltigkeit, Offenheit, Wertschätzung. Ob solche Werte angewendet und gelebt werden, zeigt sich in den Kleinigkeiten des Alltags. Das Große zeigt sich im Kleinen; nicht in feierlichen Ansprachen, sondern in den kleinen Gesten; vielleicht im Small Talk des Chefs mit seinem Vorzimmer; in der Art, eine Besprechung abzurunden; in der Weise, in verfahrener Situation eine Brücke zu bauen. Ein Werteleitfaden kann helfen, die Ideale eines Unternehmens auf die raue Wirklichkeit zu übertragen.

Wie Werte wirken

Ein nur halbherzig eingeführtes Wertesystem kann Enttäuschungen hervorrufen, weil Begriffe wie »Transparenz« oder »Respekt« Erwartungen wecken. Werte wirken dann, wenn sie angewendet, gelebt und gepflegt werden; wenn sie bei Beurteilungen und Beförderungen relevant sind; wenn Entscheidungen und Konfliktregelungen mit den Werten in Verbindung gebracht werden; wenn auch Manager danach bewertet und bezahlt werden; wenn die Werte turnusgemäß auf Tagesordnungen erscheinen und zum Thema gemacht werden; mit einem Wort: wenn auf die Umsetzung geschaut wird. In einem

Unternehmen wurde deshalb zum Beispiel ein Kulturindex entwickelt. Am Ende jedes Monats schicken die Mitarbeiter einen EDV-gestützten Bogen an ihre Führungskraft. Darin schätzt jeder selbst ein, wie er die Werte in der Praxis umgesetzt hat, und reflektiert dies mit dem Vorgesetzten.

Wie sich gelebte Werte faktisch auf die Leistungen in einem Unternehmen auswirken, untermauert eindrucksvoll eine Studie der Harvard-Professorin Rosabeth Kanter. Kanter hat internationale Konzerne auf deren Veränderungsfähigkeit hin untersucht. Ihre Ergebnisse sind eindeutig: Dort, wo Unternehmenswerte im täglichen Geschäft angewendet werden, ist weniger Anweisung und Kontrolle notwendig. Teams und Projektgruppen arbeiten autonomer, sind kreativer und stehen Veränderungen offener gegenüber. Wenn Werte wie »Verantwortung« und »Vertrauen« den Mitarbeitern ein Begriff sind, dann laufen Projekte speziell auch im internationalen Kontext besser. Gemeinsame Grundwerte gewinnen für Kanter mit der zunehmenden Internationalisierung an Bedeutung, weil dadurch die Zusammenarbeit von Mitarbeitern mit unterschiedlicher kultureller Herkunft erleichtert wird. Werte sind wie ein Kompass, der weltweit funktioniert. Auf eines aber weist Kanter deutlich hin: Das alles geht nur dann auf, wenn die Werte in Krisenzeiten nicht aufgegeben werden.

In Deutschland wurde erstmals im Jahr 2007 vom Bundesministerium für Arbeit und Soziales eine repräsentative Studie zum Zusammenhang von Unternehmenskultur und ökonomischem Erfolg veröffentlicht. Befragt wurden Führungskräfte und Mitarbeiter aus 314 Unternehmen. Die Quintessenz der Studie lautet: Die Identifikation mit dem Unternehmen und das Wir-Gefühl sind die Haupttreiber für das Engagement der Mitarbeiter. Engagement wiederum wirkt sich unmittelbar auf den Unternehmenserfolg aus. Dies gilt für alle untersuchten Branchen und Unternehmensgrößen. Betrachtet man die Aspekte, die bei

Mitarbeitern eine Identifikation mit ihrem Unternehmen aus-lösen, so legt das auch den Blick auf das frei, was als wert-voll empfunden wird. An oberster Stelle stehen folgende Aussagen: »Ich bin stolz, anderen erzählen zu können, dass ich hier arbei-te«; »Besondere Ereignisse werden bei uns gefeiert«; »Das Un-ternehmen ist sehr flexibel und reagiert schnell auf Veränderun-gen«; »Die Mitarbeiter unterlassen verdeckte Machenschaften und Intrigen, um etwas zu erreichen«; »Mein Wissen und meine Fähigkeiten werden optimal genutzt«.

Erzeugen Sie eine Wertekultur! Stellen Sie die Frage: Worauf wird es in Zukunft im Unternehmen ankommen? Welches Werte-konzept ist dafür adäquat? Arbeiten Sie die Werte mit Kollegen und Mitarbeitern in einem Diskurs heraus. Ein Leitfaden kann helfen, die Werte in den Alltag zu übersetzen. Hinterfragen Sie in diesem Prozess auch die bestehende Unternehmenskultur: Was zeichnet uns aus? Was müssen wir verändern? Werte sind wie ein Fitnessprogramm. Wenn die Werte in der Praxis richtig umge-setzt werden, dann verhalten sich alle so, wie es für das Unter-nehmen das Beste ist.

4. Die Kultur des Veränderns

Bei der Wertekultur geht es nicht um die Werte an sich. Ein Unternehmen ist schließlich kein philosophisches Seminar. Die Werte erfüllen einen Zweck, und der ist in der ständigen Verbesserung, in der Verwandlung zu einem höheren Entwicklungszustand zu sehen. Eine Wertekultur führt direkt in eine Kultur des Veränderns über.

Muster aufbrechen – das Handlungsrepertoire erweitern

Menschen lösen Aufgaben zumeist nach gewohnten Erfolgsmustern. Wer zum Beispiel in seinem Leben immer gut damit gefahren ist, sich in einer unsicheren Situation nicht hervorzutun, sondern sich zurückzuhalten, der nutzt dieses Muster automatisch immer wieder; ganz nach dem Motto: besser mit dem Strom schwimmen als untergehen. Andere Menschen haben völlig andere Erfolgsmuster und Angewohnheiten.

Nimmt man etwa das Verhalten in einer Stresssituation: Der eine verweigert sich, ein anderer wahrt den Schein, ein Dritter streckt sich zur Decke und schaut, was geht. Diese Lebensmuster sind einerseits hilfreich, weil man aufgrund von Vorerfahrungen die Reaktionen aus der Umwelt in etwa abschätzen kann; andererseits schränken die Verhaltensmuster aber auch ein. Das zeigt sich beispielsweise, wenn Führungskräfte mit ihrem Führungsstil Mitarbeiter nicht mehr erreichen oder wenn ein Problem mit einem Kunden mit dem alten Schema nicht mehr zu lösen ist. Man ist dann mit seinem Latein am Ende.

In einer Kultur des Veränderns wird dafür gesorgt, dass das Handlungsrepertoire des Einzelnen ständig erweitert wird. Wie funktioniert das? Zuerst die Antwort darauf, wie es nicht funktioniert: nämlich mit purer Kritik. Kritik verhärtet Muster. Ein Vater, der seinen Sohn schimpft, weil dieser zu wenig Mathematik übt, hält das Muster der Mathe-Unlust aufrecht und verschärft es sogar noch. Die Pädagogik spricht von der Kritikfalle: Wenn Lehrer oder Eltern Kinder im Dauerton schimpfen, hören die Kinder gar nicht mehr hin und schalten auf Durchzug. Negatives Verhalten wird dadurch sogar verstärkt. Ein Abteilungsleiter ist deswegen so vorgegangen: Er hatte beobachtet, dass die Innovationen in seinem Planungsteam zurückgingen. Anstatt zum wiederholten Male neue Ansätze einzufordern, hat er mit einer Gruppe von Ingenieuren eine Japanreise durchgeführt, um dortige Fertigungssysteme anzuschauen. Das war aufwendig, aber hat sich gelohnt. Dieser groß angelegte Perspektivenwechsel hat es den Planern ermöglicht, technische Prozesse völlig neu zu denken und anzugehen.

Um die Macht der Gewohnheit und der Routine zu durchbrechen, hilft das Spielerische, das Experimentelle. In einer Veränderungskultur ist Ausprobieren erwünscht. Auch kleine Veränderungen bewirken etwas. Ein Mitarbeiter etwa macht den Vorschlag, die Morgenbesprechung an einen Stehtisch zu verlegen. Eine Mitarbeiterin hat die Idee, bei Briefen an Kunden ein geschmackvolles Lesezeichen beizulegen. Veränderung kann richtiggehend geübt werden. Ein Team, das Sitzungen in Englisch abhält, weil internationale Projekte auf das Unternehmen zukommen, trainiert Veränderung. Ein Vertriebsmitarbeiter, der sich nach den besten Verkäufern im Unternehmen erkundigt und diese nach ihren Erfolgsgeheimnissen fragt, trainiert Veränderung. In einer tief greifenden Umbruchsituation einer Bank hat der Vorstandsvorsitzende angefangen, seine eigenen Verhaltensmuster aufzubrechen. Schon lange ist es ihm an die Nieren gegangen, dass viele Mitarbeiter aus der zweiten Führungsebene zwar immer klare Entscheidungen des Vorstandes einforderten, selbst aber oft unverbindlich bei Abstimmungen mit Kollegen und bei der Umsetzung von Maßnahmen geblieben sind. Seine weiche Seite hatte ihn von einem schärferen Insistieren immer abgehalten. Auf einer Klausurtagung glaubte dann der versammelte Führungskreis seinen Augen nicht zu trauen. Als die Führungskräfte in gewohnter Manier ihre Veränderungspläne vorstellen, springt der Chef auf und haut auf den Tisch. Scharf und treffend fordert er Konkretisierung und Messbarkeit. »Jeder von uns muss jetzt seine eigenen Muster anschauen. Nur so können wir wirklich etwas verändern«, so ein Teilnehmer in der Schlussrunde.

Wer anders vorgeht als gewohnt, der bricht mit gängigen Mustern. Die Managementforscher Hans A. Wüthrich, Dirk Osmetz und Stefan Kaduk beschreiben Führungskräfte, die aus Mustern ausbrechen und dadurch etwas verändern. In einem Fallbeispiel schildern sie einen Unternehmer, der für ein halbes Jahr ganz aus seinem Unternehmen herausgeht; nicht um ein Experiment zu veranstalten, sondern aus persönlichen Gründen. Er bereitet alles gut vor und führt lange Übergabegespräche mit seinen leitenden Angestellten. Schon jetzt werden Muster gebrochen: intensivere Gespräche als sonst, Mitarbeiter erhalten einen tieferen Einblick in Zusammenhänge. Trotz des Risikos hält sich der Unternehmer eisern an den Grundsatz, während der kompletten Sabbatzeit weder eine Information aus seiner Firma entgegenzunehmen noch in irgendeiner Weise in die Unternehmensführung einzugreifen. Als er zurückkehrt, ist alles bestens. Die Geschäfte laufen prächtig. Schwierigkeiten hat lediglich er selbst, um seinen Platz im Unternehmen neu zu definieren. Die Aktion war ein voller Erfolg. Der Musterbruch des Chefs hat zu vielen positiven Veränderungen geführt, besonders weil Verantwortung neu definiert und verteilt wurde.

Unsicherheit abbauen

Was der Veränderungskultur entgegensteht, ist ein Klima der Unsicherheit. Für manche Menschen ist die Unsicherheit nicht weit entfernt von der Angst. Das lateinische Wort für Angst ist *angustia* und heißt ursprünglich Enge. Angst erzeugt Enge. Niemand traut sich, etwas Neues auszuprobieren. Jeder hält starr an seinen Mustern fest, wiederholt das Gewohnte und tritt auf der Stelle. Ganz typisch für eine solche Situation ist die Botschaft an Mitarbeiter: »Ändere dich, aber mache nichts verkehrt.« Solche Doppelbotschaften blockieren. Veränderung setzt einen angstfreien Raum voraus, in dem etwas ausprobiert werden darf.

Um Unsicherheit abzubauen, ist es überhaupt erst einmal notwendig, dafür zu sorgen, dass die Mitarbeiter verstehen, um was es eigentlich geht. Menschen brauchen eine schlüssige Erklärung, ehe sie sich Prioritäten neu setzen und sich umstellen können. So wie in diesem Beispiel: Im Zuge einer Unternehmensfusion wurden die Fondsberater einer Bank zentralisiert. Ein Vertriebsmitarbeiter, der über Jahre gut mit seinen Fondsberatern vor Ort zusammengearbeitet hat, ist verunsichert. Bei einem Kamingespräch erklärt der Vertriebschef die Hintergründe. Die Argumente für die neue Struktur werden dem Vertriebsmitarbeiter in diesem Gespräch nachvollziehbar. Er kann nachfragen und das größere Bild und den Kontext erkennen. Erst als sich ihm der Sinn für die Veränderung erschließt, kann er umdenken und sich auf die neue Situation einstellen.

Das Gleichnis vom Sämann

Wenn Change-Programme durchgeführt werden, heißt das noch nicht, dass sich in einem Unternehmen wirklich etwas verändert. Die Effizienz vieler Projekte ist gering. Ein Mitarbeiter hat dabei Folgendes beobachtet: »Der Vorstand fordert, dass sich etwas verändern soll. In regelmäßigen Abständen kommt dann das große Donnerwetter, weil sich zu wenig ändert. Ich habe in diesen Situationen immer den Eindruck, als würden sich alle ducken, warten, bis der Sturm vorbei ist und dann so weitermachen wie zuvor.« Traurig für den Vorstand, traurig für die Mitarbeiter, katastrophal für das Unternehmen. Viel Wirbel um nichts. Wie aber kann nun ein Veränderungsprozess tatsächlich ausgelöst werden?

Ein passendes Bild dafür kommt aus einer ganz anderen Welt. Es findet sich nämlich im biblischen Gleichnis vom Sämann. Bekanntermaßen fallen in dieser Geschichte die Körner, die der Sämann ausstreut, nicht alle auf die Erde und auf fruchtbaren Boden. Einige Samen landen auf felsigem und trockenem Boden. Man kann sich eine agrarische Landschaft vorstellen. Zwischen Wiesen und Getreidefeldern ziehen sich die Feldwege, auf denen die Bauern mit den Traktoren fahren. Die Wege sind hart und eingefahren. Es sind immer dieselben Wege, auf denen gefahren wird. Was sagt das über Veränderung aus?

Der harte, trockene Pfad kann für die spröde Gangart, für zu theoretische Modelle, für die trockene Vermittlung von Aufgaben, für ein allzu schematisches Vorgehen stehen. Wie die Menschen darauf reagieren und was spezielle Situationen erfordern, wird ignoriert. Was da fehlt, ist die Feuchtigkeit, der Esprit, die Begeisterung, das Herzblut, das Fleisch. Vögel fliegen heran, heißt es im Gleichnis weiter, und picken die Körner vom Weg auf. Übertragen können damit die Pseudoerneuerer gemeint sein, die etwas anpreisen und mit den Flügeln flattern, Wind verbreiten, aber alsbald wieder wegfliegen, so als wären sie nie da gewesen. Wie soll da etwas wachsen? Etwas einzupflanzen und zum Wachsen zu bringen, sieht anders aus.

Das Gleichnis vom Sämann zeigt symbolisch, was Veränderung eigentlich heißt. Veränderung ist Verwandlung. Das Samenkorn bricht in der fruchtbaren Erde auf, treibt aus, wächst zu einer Pflanze heran und trägt Früchte. Beschrieben wird hier das Leben selbst. Das Korn, das auf den Weg fällt, stirbt. Veränderung bedeutet, dass das Alte, so wie es einmal war, nicht mehr existiert. Dort aber, wo das Leben weitergeht, verwandelt es sich in immer neue Zustände. Veränderung ist kein Projekt, sondern ein andauernder Prozess. Manager, die nur ernten wollen, aber nicht genügend säen, werden den Gesetzen des Lebens nicht gerecht. Das Säen kann auf vielfache Weise geschehen: Chancen aufzeigen, Kontakte pflegen, langfristige Ziele verfolgen, Mitarbeiter entwickeln, sich intensiv mit den Kunden beschäftigen, Konflikte lösen, zu neuen Arbeitsansätzen ermutigen. Der Bauer bereitet zuerst den Boden, damit sich die Samen gut entwickeln können. Er düngt und gießt. Die Verwandlung von Talenten und Potenzialen hin zu exzellenten Arbeitsergebnissen setzt Begleitung voraus. Wenn sich Führungskräfte zu wenig um die Mitarbeiter kümmern, dann verkümmern diese. Ein Donnerwetter wie im obigen Beispiel, ein orkanartiger Regen sickert nicht in den Boden ein und erreicht das Korn gar nicht, sondern fließt ab. Veränderung bewirkt dagegen, wer sich mit den Mitarbeitern beschäftigt, wer sie herausfordert und an ihren Ideen dranbleibt.

Die Metapher des Samenkorns und der Pflanze kann noch weitergeführt werden. Sie kann in der Unternehmensrealität bedeuten, dass nur etwas wächst, wenn die Probleme an der Wurzel angepackt werden. Projekte werden häufig an der Vielzahl der verfolgten Maßnahmen gemessen. Ein guter Workshop muss nach dieser Vorstellung viele Aktionen hervorbringen. Dabei wäre es oft viel besser, wenn, bildlich gesprochen, etwas tiefer gegraben werden würde. Zum Beispiel, indem man sich mit kritischen Kundenmeinungen auseinandersetzt, Schwierigkeiten mehr auf den Grund geht und Krisen beim Namen nennt.

Mit einer Kultur des Veränderns ist nicht so sehr gemeint, die Projektaufgabenliste am Ende eines Arbeitstages zu verlängern. Viel sinnvoller wäre es, ein Lerntagebuch zu führen: »Was ich gestern noch so gesehen habe, sehe ich heute so – Dank an den Kollegen X, der mir durch sein Engagement die Augen dafür geöffnet hat.« Ein Veränderungseintrag pro Tag würde genügen.

Schlüsselpersonen gewinnen

Wer etwas verändern möchte, der braucht dazu vor allem Menschen, die mitziehen. Einen bemerkenswerten Ansatz dazu entwickelte der amerikanische Bürgerrechtler Saul Alinsky im letzten Jahrhundert. Der studierte Kriminologe Alinsky war in den Slums von Chicago aufgewachsen und hatte es sich zur Lebensaufgabe gemacht, die Ärmsten der Armen zu aktivieren, um ihre sozialen Umstände zu verbessern. Er lehnte wohlfahrtsstaatliche Maßnahmen, Hilfen von oben und von außen ab und setzte auf das Subsidiaritätsprinzip. Die Veränderungskraft müsse von den Betroffenen selbst ausgehen, sonst verpuffe jede Anstrengung, so Alinksys Erfahrung und Überzeugung. Also startete er sein *Community Organizing*, eine Art Nachbarschaftsaktion. Darin versammelte er sogenannte »Schlüsselpersonen«: Geschäftsleute, Vertreter von lokalen Vereinen, Geistliche. Dieses Multiplikatorenkonzept hatte zum Ziel, so viele Menschen wie möglich für eine bestimmte Aktion zu mobilisieren. Alinsky legte sich Listen mit den einflussreichsten Schlüsselpersonen an. Zu jedem Namen gab es eine Zahl; die Zahl derer, die jemand für seine Meinung zu gewinnen vermochte. Ganz oben auf der Liste standen die Pfarrer. Ein Pfarrer konnte mehrere Hundert Menschen gewinnen. Wenn Alinsky eine Kampagne plante, dann holte er seine Top-Multiplikatoren zusammen. Konnte er diese überzeugen, dann konnte er sich fast schon ausrechnen, wie viele Menschen zukünftig als Unterstützer seines Ziels eintreten würden. Einer der Nachfolger Alinskys als Gemeindeaktivist in Chicago wird später berühmt: Barack Obama. Obama hat die Ideen der Aktivierung mit den Mitteln des Internets

weiterentwickelt und ist nicht zuletzt dadurch amerikanischer Präsident geworden.

Wenn ein Manager Veränderungsziele verfolgt, dann hat er es zunächst nicht nötig, eine soziale Aktion von unten anzuregen. Er kann etwas anordnen, er kann Kontrollinstrumente installieren. »Das bringt es aber alles nicht so recht«, denkt ein Industriemanager laut nach. »Seit zwei Jahren predige ich das Margendenken in unseren Betrieben. Wenn heute in Produktionssitzungen die viel zu hohen Kosten angezeigt werden, bin ich aber nach wie vor der Einzige, der aufsteht und sich aufregt. Ich schaffe es nicht, in den Köpfen etwas zu verändern. Ich kann die Menschen nicht für meine Ideen gewinnen.« Es nutzt wenig, wenn er von einer Produktionssitzung zur anderen rennt und sich jedes Mal aufregt. Dem Manager fehlen die Schlüsselpersonen. Zuerst muss er die Local Heroes, diejenigen, die in ihrem Umfeld das Sagen haben, überzeugen und gewinnen. Er sollte sich genauso wie Alinsky eine Multiplikatorenliste anlegen. Dabei muss man fragen: Wer sind die Meinungsführer? Welche Schlüsselpersonen haben welchen Einfluss? Vielleicht sogar: Wer kann wie viele mitziehen? Viele landen bei dieser Analyse beim mittleren Management, bei den Betriebsleitern, den Gruppenleitern, den Meistern; aber auch bei Personalvertretern und angesehenen Mitarbeitern. Das beste Mittel, um diese Menschen für seine Anliegen zu gewinnen, sind Einzelgespräche; viele Gespräche sind notwendig, denn beim Thema Veränderung sind dicke Bretter zu bohren. Aber auch Präsenz ist wichtig, das Teilnehmen an Gruppengesprächen an der Basis oder die direkte Unterstützung bei größeren Problemen. Wenn Manager eine Bewegung von unten erzeugen, dann fangen sie bei den Menschen an, und eine nachhaltige Veränderung setzt ein.

Verstehen, verändern, unaufhörlich lernen

Veränderung ist kein Selbstzweck, aber es ist der einzige Weg, um etwas dazuzulernen. Die Gehirnforschung hat herausgefunden, dass sich Menschen dann am meisten weiterentwickeln, wenn getrennt gemachte Erfahrungen verschmolzen werden. Dagegen ist in Unternehmen oft zu beobachten, dass der Erfahrungsschatz neu hinzukommender Mitarbeiter kaum in die bestehende Kultur aufgenommen wird. Es wird von den Neuen erwartet, dass sie sich anpassen. Das ist einerseits richtig, weil die gewachsene Kultur den Grundstock des Unternehmenserfolges legt. Andererseits wird eine Lernchance vertan. Der Partner einer Unternehmensberatung sieht in jedem neuen Mitarbeiter einen Lernimpuls. Schon bei der ersten Gelegenheit baut er neue Mitarbeiter in die Konzeptentwicklung ein. »Fünf bis zehn Prozent eines gemeinsam erstellten Beratungskonzeptes speisen sich sogleich aus den ›Mitbringseln‹«, erklärt er. »Wir fackeln nicht lange und streben ab der ersten Minute der Zusammenarbeit eine Verkoppelung des Know-hows an.«

Für den Neurobiologen Gerald Hüther ist der springende Punkt bei der Weiterentwicklung lebender Systeme wie dem Gehirn oder auch einer Organisation die Koppelung und Verknüpfung mit bisher Unbekanntem. Die »neuronale Verschaltung« setzt dann ein, wenn Bekanntes und Unbekanntes sich leicht überlappen. An der Wirkung von Vorträgen lässt sich dieser Effekt gut nachvollziehen. Wenn jemand ohne Russischkenntnisse einen auf Russisch gehalten Vortrag hört, kann sich naturgemäß nichts verknüpfen. Andersherum: Wenn ein Vortrag nur Altbekanntes vorbringt, dann tut sich im Gehirn auch nichts. Wenn es ein Redner jedoch schafft, die Zuhörer in ihrer Erfahrungswelt abzuholen und sie zugleich auf bisher nicht Bedachtes bringt oder sie mit einer Aussage ins Grübeln versetzt oder gar leicht irritiert, dann beginnt das Gehirn zu arbeiten und neue Verbindungen aufzubauen. In einer

Organisation ist es das Gleiche. Wenn nicht genügend Kontakte zu anderen »Denksystemen« gepflegt werden, dann verdummt das Unternehmen, auch wenn in der Vergangenheit viele gute Konzepte entwickelt wurden. Ein Unternehmen aus der Arzneimittelbranche beispielsweise ist in einen regelrechten Leerlauf geraten. Zwar stimmten die Umsätze noch, aber alle sahen, dass seit Jahren nichts Neues mehr entstanden war. Das Management arbeitete deshalb an einer neuen Strategie. Doch nicht nur die Ausrichtung hing in der Luft, auch kulturelle Probleme – Abteilungsdenken, Abschottungsverhalten, übertriebenes Absicherungsverhalten, häufige »Delegationen nach oben« – konnten nicht mehr übersehen werden. Anstatt eines kulturellen Erneuerungsprozesses hat man jedoch versucht, die vor Jahren festgelegten kulturellen Werte und Instrumente zu revitalisieren. »Wir haben doch eine Kultur«, betonte der langgediente Personalvorstand. Doch darum ging es gar nicht. Es ging darum, einen Ruck und eine Aufbruchstimmung zu erzeugen, eine Lust, sich neu zu entdecken, Fragen neu zu stellen und neue Antworten zu finden; überhaupt: kreativ zu werden.

Eine Kultur des Veränderns hat vor allem eines im Sinn: unaufhörliches Lernen. Einen besonderen Stellenwert hat dabei der Prozess des Verstehens. Der Geschäftsführer eines Lebensmittelkonzerns weiß: »Wir haben genau einen Wettbewerbsvorteil: Wir kennen und verstehen unsere Kunden besser als die gesamte Konkurrenz. Das ist die Voraussetzung dafür, dass wir unsere Produkte und unseren Service perfekt ausrichten können.« Verstehen ist ein vielschichtiger Vorgang. Verstehen bedeutet, sich in andere hineinzudenken und hineinzuversetzen. Verstehen basiert auf Beziehungsfähigkeit. Erst wenn man sich auf einen anderen einlässt und in Beziehung tritt, berühren sich auch die Denkweisen und beginnen sich anzunähern, sich zu verschalten und ein gleiches Verständnis aufzubauen. Egal ob in der Produktentwicklung, in der Beratung oder im Verkauf, der Erfolg hängt immer mehr davon ab, nicht nur allgemeine Lösungen anzubieten, sondern individuelle Bedürfnisse zu befriedigen. Dazu muss aber jeder Kunde, jeder Auftrag, jedes Projekt neu erschlossen und neu entdeckt werden. Die Kunden-Lieferanten-Beziehung ist das Epizentrum des unternehmerischen Lernens, weil darin die Anforderungen an eine Organisation definiert und die entscheidenden Fragen aufgeworfen werden. Wer diesen Erkenntnisprozess annimmt, wer versteht, wer sich den Anforderungen anpasst, der aktualisiert sich selbst, verändert sich kontinuierlich und wird dabei immer kompetenter.

Zutrauen kultivieren

Veränderung baut auf Vertrauen. Ohne Vertrauensbasis können Menschen nichts miteinander bewegen. Sie können sich nicht auf die Sache konzentrieren, weil sie sich gegenseitig misstrauisch beäugen. Damit aber überhaupt Vertrauen zwischen Menschen entsteht, ist ein Vertrauensvorschuss nötig. Ohne den Glauben daran, dass der andere Freund und nicht Feind ist, kann Vertrauen zwischen Menschen nicht aufgebaut werden. Im Vertrauensvorschuss liegt eine gewisse Magie, weil auf unsichtbare Weise eine positive Gegenreaktion bei Mitmenschen ausgelöst wird. Das zeigt das Beispiel eines Unternehmers. Aus den Sozialräumen seiner Fabrik wurden die Armaturen abgeschraubt und gestohlen. Seine Kollegen aus der Geschäftsleitung wollten schon Überwachungskameras installieren, doch er hat sich geweigert. Stattdessen hat er neue Armaturen einbauen lassen und bei jeder Gelegenheit betont, er vertraue darauf, dass so etwas nicht mehr vorkomme. Am Ende hat er recht behalten. »Das hätte auch anders ausgehen können«, argwöhnen einige. Doch Menschen mit einem robusten Vertrauen geben anderen auch bei Fehlverhalten eine zweite Chance. Und das lässt die Menschen in den meisten Fällen nicht kalt.

Ein anderes Beispiel: Ein Bereichsleiter ist im ganzen Konzern durch seine »Motivationskünste« bekannt. Obwohl er sehr viel von seinen Mitarbeitern verlangt, herrscht in seiner Umgebung immer gute Stimmung, und das Engagement der Mitarbeiter ist überdurchschnittlich. Als wieder einmal so eine tolle Präsentation gelaufen war, spricht ihn ein junger Kollege auf der Taxifahrt zum Flughafen direkt an: »Wie machst du das eigentlich?« »Das ist nicht schwer«, antwortet der »Motivationsmanager« lächelnd. »Ich liebe meine Mitarbeiter. Das ist alles.« Der Kollege stutzt und scheint nicht zu verstehen. »Es ist so«, holt der Angesprochene aus, »ich glaube an meine Leute, ich traue ihnen was zu. Ich schaue auf die guten Seiten, nicht so sehr auf die Fehler und Schattenseiten. Natürlich hat jeder seine Defizite. Natürlich sind das alles keine Heiligen. Natürlich habe ich auch schon genügend schlechte Erfahrungen gemacht. Aber am Ende ist es so: Wie du in den Wald hineinrufst, schallt es zurück. Vertrauen weckt Zuversicht. Ein liebevoller Umgang erzeugt Engagement.« Das ist der Effekt, den Esther und Jerry Hicks als »The law of attraction«, als das Gesetz der Anziehung bezeichnen. In ihrer millionenfach verkauften DVD »The Secret« zeigen sie, worin dieses Gesetz besteht: Das, was Menschen aussenden, bekommen sie auch zurück: Freude, Liebe, Missmut, Unglück, Glück. Das ist auch der Grund, weswegen eine »Vertrauensstrategie« aufgeht. Wer einfach so tut, als ob der andere kooperiere, und sich selbst kooperativ verhält, so erklärt der Psychologe Paul Watzlawik, der erzeugt fast automatisch eine entsprechende Reaktion in seiner Umwelt.

Und dennoch: Totales Vertrauen kann ebenso wie totales Misstrauen in die Irre führen. Einen praktikablen Ansatz liefert deshalb ein hinschauendes Vertrauen.

Hinschauendes Vertrauen

Vertrauen bedarf der Klarheit und Zuverlässigkeit. Einem harmoniebedürftigen Chef kann man nur schwer vertrauen, weil man befürchten muss, dass er einen Standpunkt unter Belastung fallen lässt. Faire Kritik hingegen verstärkt die Vertrauensbasis, weil eine Belastungsprobe bestanden wurde. Mitarbeiter wünschen sich, dass die Führungskraft auf das Getane schaut und nicht blind vertraut. Eine Vertrauenskultur zeigt sich im hinschauenden Vertrauen. Wer genau hinschaut, kann im Zweifelsfall korrigieren – noch bevor das Vertrauen beschädigt wird. Aus einem Vertrauensvorschuss entsteht auf diese Weise eine stabile, gemeinsam erarbeitete Vertrauensbasis. Das genaue Hinschauen ist der richtige Zugang, um den Vertrauensaufbau zu einem schrittweisen Prozess zu machen und sich dabei an die Realitäten zu halten.

Menschen spüren, ob sie misstrauisch beäugt werden oder ob jemand mit einer freundlichen Grundgesinnung nach dem Rechten schaut. Der »Control Freak«, der notorische Kontrolleur, baut kein Vertrauen auf, sondern nähert sich mit einer Negativprognose. Die Wahrscheinlichkeit des Scheiterns sieht er höher als die Wahrscheinlichkeit des Gelingens. Das verunsichert und macht das Scheitern damit tatsächlich wahrscheinlicher.

Spielraum zum Selbstdenken

Der Begriff des Vertrauens ist nicht leicht zu fassen. Eindeutiger ist es, von Zutrauen zu sprechen. Jemandem etwas zuzutrauen heißt, auf seine Fähigkeiten und Kompetenzen zu setzen. Nur wenn einem etwas zugetraut wird, kann man Selbstsicherheit und Selbstvertrauen aufbauen. Verhaltenspsychologen haben erforscht, dass das Gefühl der Hilflosigkeit erlernt ist. Wenn Menschen aus ihrer Umgebung die Botschaft erhalten, nichts zu können, dann trauen sie sich auch selbst nichts zu. In einer Kultur des Zutrauens heißt dagegen die Botschaft: »Du bist wer, du kannst etwas und du wirst an deinen Aufgaben wachsen. Gehe Schritt für Schritt. Setze dir realistische Ziele. Du kannst auch einmal einen Sprung wagen. Wenn du fällst, helfen dir andere auf. Umwege erhöhen die Ortskenntnis. Ohne Fehler und negative Erfahrungen kann keiner etwas lernen. Du bekommst Unterstützung. Aber hole dir auch Unterstützung.«

Eine Kultur des Zutrauens geht vom mündigen Mitarbeiter aus. Sie informiert, beteiligt, setzt sich kritisch auseinander, nimmt gute Argumente auf, macht transparent, ermutigt. Zutrauen sendet die Botschaft: »Traue dich, denke selber.« Sich etwas zu trauen, bedeutet nicht, aufmüpfig zu sein oder alles Mögliche zu kritisieren. Gemeint ist, etwas anzupacken und Initiative zu ergreifen. Andererseits: Mitarbeiter, die sich etwas trauen, mutige Mitarbeiter sind nicht immer einfache Mitarbeiter. Eine Kultur des Zutrauens kann nur gut gehen, wenn Führungskräfte etwas zulassen und zugleich hinschauen und kontrollieren; wenn sie einerseits Spielräume eröffnen und andererseits Rahmenbedingungen definieren.

Der Mitarbeiter als Mit-Unternehmer

In einer Kultur des Veränderns entsteht ein neues Anforderungsprofil an den Mitarbeiter. Von jedem Einzelnen wird verlangt, dass er selbst denkt, aber auch, dass er eigenständig entscheidet und unternehmerisch handelt. Mit dem Begriff des »Angestellten« verbindet sich eine eher ausführende Rolle und weniger das, was man mit Unternehmertum gleichsetzt: Innovation, Kreativität, Zukunftsorientierung. Doch selbst Topmanager sehen sich in Konzernen heute noch häufig eher als Erfüllungsgehilfe für die Vorgaben der Kapitalgeber denn als Gestalter. Was hat es also mit einer unternehmerischen Unternehmenskultur auf sich?

In einer Unternehmer-Kultur betrachtet sich eine Führungskraft nicht in erster Linie als Befehlsempfänger der Konzern-
spitze. Sie verfolgt natürlich die vorgegebenen Ziele, setzt aber
dabei selbst Zeichen und probiert etwas aus. So bezeichnet ein
Abteilungsleiter eines Automobilkonzerns seine Abteilung beispielsweise als »Unternehmen im Unternehmen«. Seine Mitarbeiter fordert er heraus, sich an vergleichbaren Fertigungsein-
heiten anderer Anbieter zu messen und diese zu übertreffen.

Auch Mitarbeiter können in unterschiedlichen Funktionen
unternehmerisch handeln. Zum Beispiel, wenn eine Teamassistentin nicht bloß den Raum für eine Veranstaltung bucht und
die Reisen organisiert, sondern auch Vorschläge einbringt, wie
man das Veranstaltungsformat verbessern und ausbauen kann.
Jeder kann auf seine Weise Unternehmer sein. Jeder kann in
seinem Wirkungskreis ein Unternehmen mitformen. Manager
als Unternehmer lassen sich nicht von den Zahlen der Woche in
den Bann ziehen, sondern arbeiten an einem dauerhaft erfolgreichen Geschäftsmodell. Eine Unternehmer-Kultur kann man
auch daran erkennen, dass Ja-Sager und Mitarbeiter, denen es
mehr um die eigene Profilierung als um die Sache geht, keinen
Platz finden. Es kommt im Gegenteil darauf an, etwas zu bewegen und Ideen und Maßnahmen nicht auf die lange Bank zu
schieben.

Verbunden mit der Unternehmer-Kultur ist ein neues Leitbild
des Mitarbeiters: der Mit-Unternehmer. Um ein Mit-Unterneh-
mertum zu verwirklichen, sind entsprechende Rahmenbedingungen in Unternehmen nötig. Schon ein Auszubildender kann
Aufträge erhalten, die Raum für eigene Ideen lassen. Der In-
ternetanbieter Google beispielsweise gewährt jedem Mitarbeiter
einen Teil der Arbeitszeit für innovative Projekte. Es liegt aber
natürlich nicht nur am Unternehmen, Mitgestaltung zu ermöglichen, sondern auch an jedem Einzelnen, sein Selbstbild
zu verändern – das gilt für Führungskräfte ebenso wie für Mit-

arbeiter. Der Zukunftsforscher Horst Opaschowski hat dazu die Vorstellung des »Lebensunternehmers« entworfen. Er stellt sich darunter innovationsfreudige Mitarbeiter vor, die die Unternehmensziele zu ihren persönlichen Zielen machen. Aus dem »Arbeitnehmer« wird der »Bürger im Betrieb«. Selbstständiges Denken steht über Rollenanpassung und Erfüllungsmentalität. Die Übergänge von der Arbeit zur Freizeit sind selbst organisiert und fließend. Dieser Lebensentwurf erfordert ein hohes Maß an persönlicher Autonomie und die Fähigkeit, das eigene Leben selbst in die Hand zu nehmen. Der Lebensunternehmer plant Erziehungszeiten, rechnet mit Phasen, in denen er weniger verdienen kann, und spielt Szenarien durch, wie er mit einem berufsbedingten Ortswechsel umgehen würde. Die Vision des Lebensunternehmers geht aber noch weiter. Er ist in der Lage, soziale Netze zu knüpfen und sein Leben so stabil zu organisieren, dass er bei Schwankungen in der Erwerbsbiografie nicht in ein Loch fällt.

Eine Unternehmer-Kultur funktioniert nur als Wertegemeinschaft. Da jeder Einzelne sehr selbstständig handelt, müssen mehr als in jeder anderen Form von Unternehmenskultur die Werte des Einzelnen mit den Werten des Unternehmens übereinstimmen. Ein intensiver Austausch über Wertefragen und ein guter persönlicher Kontakt der Menschen zueinander bilden den Kitt der Unternehmer-Kultur.

Die Kultur des Veränderns lenkt den Blick weg von Aktionismus und sucht nach echten Lernfortschritten in einer Organisation. Was würde zum Beispiel heute in Ihrem Lerntagebuch stehen? Was hätten Sie gestern eingetragen? Trainieren Sie die eigene geistige Beweglichkeit und die Ihrer Mitarbeiter, regen Sie dazu

an, über den Tellerrand hinauszublicken und sich mit neuen Kon-zepten zu befassen. Sehen Sie im Versuch des gegenseitigen Ver-stehens einen erkenntnisgewinnenden Prozess. Spüren Sie Ihre Schlüsselpersonen auf und arbeiten Sie intensiv mit diesen zu-sammen! Zeigen Sie Hintergründe auf, damit andere verstehen, warum sich etwas verändern muss. Prüfen Sie die eingefahrenen Pfade. Wo sind Verhärtungen spürbar? Wo geht es zu trocken zu? Wo fehlt das spielerische Element?

Wie ist es bei Ihnen? Welche Voraussetzungen müssen für Sie erfüllt sein, damit Sie jemandem Vertrauen schenken können? Bauen Sie Vertrauen Schritt für Schritt auf, indem Sie anderen Zuspruch geben, aber auch hinschauen, was funktioniert und was nicht. Wenn Sie sich auf die Stärken anderer konzentrieren, kann Ihr Vertrauen robuster und die Vertrauensbasis ausgebaut werden.

Was würden Sie über sich selbst sagen: Sind Sie selbst ein Le-bensunternehmer? Kann der »Mit-Unternehmer« ein Modell für die Definition von »Mitarbeiter« in Ihrem Unternehmen sein? Wie können Sie Rahmenbedingungen so gestalten, dass Mitarbei-ter mehr zu Mit-Unternehmern werden können? Setzen Sie auf die Selbstständigkeit von Mitarbeitern und achten Sie auf einen intensiven Austausch. Sprechen Sie regelmäßig über Wertefragen.

»Alle Menschen streben von Natur aus
nach Wissen.«   *Aristoteles*

II. Führungskultur – verankert im abendländischen Wertedenken

5. Führung beginnt bei der inneren Haltung

In einer Kultur des Veränderns greifen die klassischen Führungstechniken nur noch bedingt und können sogar hinderlich sein: Budgetierung, Zielmanagement, Dreijahrespläne, zentrale Verordnungen. Unternehmenssteuerung wird zur Kulturgestaltung. Welche Instrumente stehen dafür zur Verfügung? Wie kann man das lernen? Wer stellt die theoretische Basis dafür bereit?

Die Antwort ist: die Ethik – die Lehre vom richtigen Handeln, vom richtigen Zusammenleben, vom richtigen Führen. In ihren Ethiken verdichten Hochkulturen Handlungsanweisungen zur Gestaltung des menschlichen Lebens. Dahinter steckt ein jahrhundertelanger Lernprozess. Wenn es um die Frage der Kulturgestaltung geht, muss man also nichts Neues erfinden, sondern sich rückbesinnen auf die geistigen Wurzeln der eigenen Kultur.

Das abendländische Wertedenken

Was ist mit dem abendländischen Wertedenken gemeint? Noch die Götter und Helden der griechischen Mythologie haben mit ethischen Werten nicht viel am Hut. Die Titanen, Zyklopen und Giganten sind Kraftprotze und beweisen sich, indem sie Drachen töten und Monster bezwingen. Ganz oben im Olymp sitzen Zeus, der Herrscher über Blitz und Donner, und der Meeresgott Poseidon, der auch die Erdbeben auslöst – eifersüchtige, selbstsüchtige, machthungrige Wesen. In den Göttergestalten ist gut zu erkennen, welches Bild oder zumindest welches Wunschbild der Mensch von sich selbst hatte. Diese Faszination von physischer Stärke und Macht ändert sich jedoch, als sich in der altgriechischen Gesellschaft selbst vieles verändert. Ein sprunghaftes Bevölkerungswachstum führt zur griechischen Kolonisation. Viele Junge wandern aus. In dieser Zeit der Umbrüche und der Unsicherheit wird spürbar, dass die scheinbar mächtigen Göttergestalten keinen wirklichen Halt geben. Mit Ausnahme von einem: Apollon – der Gott des Lichts, der sittlichen Reinheit, der Mäßigung, der Weissagung und der Heilkunst; der »Kulturgott«, wenn man so will. Apoll ist der Gott, der den Menschen ihre Grenzen aufzeigt. Der apollinische Imperativ lautet: Erkenne dich selbst. Die Menschen strömen scharenweise zum Orakel von Delphi und stellen Fragen zum eigenen Leben. Der Mythos des nachdenklich gewordenen Ödipus wird zur Schlüsselgeschichte einer radikalen Wende des Menschen von der Extrovertiertheit zur Innenschau; von einer äußeren Machtdemonstration zu einer Suche nach innerer Stärke. Hier findet sich der Ursprung des abendländischen Wertedenkens. Dieser neue Fluss des Nachdenkens mündet in die griechische Philosophie, die nun systematisch das Leben hinterfragt bis hin zu den letztmöglichen Fragen in der Ethik und in der Metaphysik. Die antiken Philosophen kommen dabei zu einer festen Überzeugung: Ein gutes und glückliches Leben, das kann nur ein Leben sein, in dem stets das Gute angestrebt wird. Ein gutes Leben ist ein sinnerfülltes Leben.

Neben dem hellenischen Ursprung existiert ein zweiter Zufluss zum abendländischen Wertedenken. Die Erkenntnis, dass das menschliche Zusammenleben besser funktioniert, wenn sich ein jeder sittlich und rücksichtsvoll verhält, spiegelt sich auch im Alten Testament wider. »Du sollst nicht töten«, »Du sollst nicht begehren deines Nächsten Weib« – die Zehn Gebote geben eine Anleitung für ein Leben in Frieden und damit für ein Leben in Wohlstand. Werte sind die Basis eines guten Lebens – darin sind sich die biblischen Autoren und die Philosophen einig. So wie die Zehn Gebote setzt jedoch das gesamte Alte Testament insgesamt mehr bei einem Normendenken als bei einem Wertedenken an. Es ist nicht wie bei den griechischen Denkern der

Mensch selbst, der auf der Suche nach der Wahrheit von sich aus die Fragen stellt und versucht, diese zu beantworten. Die Antworten kommen als Ansagen von »oben«, von einer außenstehenden, höheren Autorität. Was der richtende und strafende Gott des Alten Bundes allerdings erreicht, ist eine immense innere Unruhe des Menschen und ein Suchprozess. Diese Auseinandersetzungen sind jedoch unumgänglich. Der Mensch muss da durch. Aus dem einen Grund: Er ist frei! Sein Weg ist ihm nicht vorgegeben, sondern er muss ihn selbst finden. An dieser Grundaussage setzt das Neue Testament an. Keiner hat je den Punkt erreicht, an dem er aufhören dürfte, sich selbst infrage zu stellen. Dabei wird eingeräumt, und diese Einsicht ist maßgeblich: Der Mensch ist fehlbar. Das darf nun nicht einfach hingenommen werden. Der Mensch muss unaufhörlich an sich arbeiten und sich wandeln. Diese Arbeit des Ichs an sich selbst jedoch geht nur mit anderen zusammen. Erst am Du wird der Mensch zum Ich, sagt Martin Buber. Und bei Aristoteles heißt es: Der Mensch ist ein *zoon politikon*, ein soziales, auf Gesellschaft angelegtes Wesen, weil es nur in der Gesellschaft seine Natur verwirklichen kann.

Unterm Strich bedeutet das: Der Kern des abendländischen Wertedenkens ist die kritische Selbstprüfung und das gemeinsame Ringen der Menschen um den richtigen Weg. Der Maßstab ist das »Lebensnotwendige«. Es ist die immer neu zu formulierende Frage nach dem Angemessenen und Passenden. Das ist der Urknall einer Wertekultur, die besagt: Die Weiterentwicklung der Menschheit beruht nicht so sehr auf den gefundenen Antworten. Antworten haben etwas Vergängliches. Das Wichtige ist der Prozess des Suchens und Fragens. Die gedanklichen Grundlagen dazu hat vor allem einer geschaffen: Sokrates. Durch seine Erkenntnismethode des Dialogs ist er der Erfinder einer Kultur des Veränderns. Richtiges Handeln: Rechtes Tun ist die Folge eines inneren Findungsprozesses! Deshalb: Wertegeleitete Führung beginnt bei der inneren Haltung.

Sich innerlich ausrichten

Echte Weiterentwicklung und Erneuerung ist nur in Organisationen zu beobachten, in denen die Führungskräfte bei sich
selbst angefangen haben und selbst zu einem Modell der Veränderung geworden sind. Werte werden durch Menschen vermittelt; durch ihre Einstellung, ihr Auftreten, ihr Handeln, besonders durch Menschen mit Einfluss und Wirkung, die Werte
vorleben und bewusst weitergeben, durch »Haltungseliten«.
Das kann in der Praxis folgendermaßen aussehen: Auf der Ta-
gung »Wertegeleitete Unternehmensführung« erzählt ein Unternehmer, wie er bei einer Sitzung mit seinen Abteilungsleitern
persönlich angegriffen wurde. Einer der Abteilungsleiter sei vor
versammelter Mannschaft auf ihn losgegangen, noch ehe die
Besprechung richtig angefangen hatte. Offensichtlich habe er
diesen am Vortag vor dessen Mitarbeiter bloßgestellt. Ein öffent-
licher Frontalangriff gegen den Chef – prekär. »Darf der das?«,
fragt der Unternehmer ins Tagungspublikum, wartet einen Moment ab und berichtet weiter: »Mir ist natürlich heiß und kalt
geworden. Aber ich habe dann Folgendes gemacht. Ich habe
die Sitzung unterbrochen und mich mit dem Mitarbeiter unter
vier Augen unterhalten. Durch dessen Schilderungen habe ich
erkannt, dass ich am Vortag offenbar unbedacht wirklich etwas
falsch gemacht und ihn in eine äußerst diffizile Lage gebracht
hatte. Nach einer Weile habe ich die Besprechung dann wieder
aufgenommen. Ich stellte den Sachverhalt vor der versammelten
Gruppe dar und – entschuldigte mich.« Auf die anschließende
Frage eines Tagungsteilnehmers, wie ihm das möglich war und
ob er nicht zu befürchten hatte, dass er selbst sein Gesicht verliere, antwortet der Unternehmer: »Meine Entschuldigung hat
doch allen gezeigt, dass Aufrichtigkeit in diesem Unternehmen
wichtiger ist als eine Machtdemonstration. Ich möchte, dass
meine Abteilungsleiter selbst aus einer solchen Haltung heraus

führen und handeln. Das ist nicht einfach, aber es bringt uns alle weiter und hat dazu geführt, dass mein Unternehmen sowohl in Phasen des Abschwungs als auch bei Wachstum immer stabiler war, als das bei Mitbewerbern zu beobachten ist.« Präzedenzfälle wie dieser prägen die Werte eines Unternehmens mehr als jedes geschriebene Leitbild.

Was hat es mit der inneren Haltung, die dieser Unternehmer in den Vordergrund rückt, auf sich? Wie kann sie überprüft, wie aufgebaut werden? Was heißt das eigentlich, sich innerlich auszurichten?

Die innere Haltung eines Menschen entscheidet über sein Verhalten. Ob man sich für etwas einsetzt und wie man etwas tut, ob man zugeneigt ist oder abwehrt, hängt von der inneren Ausrichtung ab. Im Ernstfall, bei Konflikten, in Stresssituationen verliert sich angelerntes Verhalten. Zur Wirkung kommt die eigentliche Haltung.

Was es heißt, sich innerlich auszurichten, zeigt das Beispiel eines Vaters, der es nicht fassen kann, dass er beim Frühstücken nicht zum Zeitunglesen kommt. Die Kinder zupfen am Sportteil und fragen dem Vater Löcher in den Bauch. Tassen werden verschüttet, ein Lappen muss her, der Wirtschaftsteil wandert teedurchtränkt und ungelesen in den Abfall. Nach Jahren erst wird dem Mann klar, dass er innerlich noch nicht wirklich auf »Familienmodus« umgeschaltet hat. Im Kopf sitzt er immer noch wie damals als Student und als berufstätiger Single bei der morgendlichen Lektüre. Als ihm das nach und nach dämmert, befragt er seine längst schulpflichtig gewordenen Kinder: »Was sind eigentlich die Aufgaben eines Vaters?« Die Tochter antwortet spontan: »Das Wichtigste ist es, nervende Kinder zu ertragen.« Der Vater ist verblüfft. Eine solche Antwort hatte er nicht erwartet. Die Kinder zählen weiter auf: »Kinder loben«, »Streit schlichten«, »Kinder trösten«, »Kindern etwas erklären«; »Zeitunglesen« kommt in dieser Aufzählung nicht vor. Der Vater hat das alles natürlich irgendwie gewusst, aber nicht wirklich verinnerlicht. Er hat es nicht zu einer Haltung werden lassen. Eines weiß er aber: Um Kinder zu loben, braucht er kein Verhaltenstraining. Es geht schlicht um die innere Bejahung dieser Aufgabe.

Der Blick in den Fürstenspiegel

In der abendländischen Literatur hat sich schon in der Antike eine Gattung herausgeprägt, die das ethische Anliegen auf Fragen der Führung lenkt. Es handelt sich dabei um die sogenannten Fürstenspiegel. Gelehrte Zeitgenossen stellten von der Antike bis zur Renaissance den Herrschenden in Mahnschriften, Briefen und Traktaten Tugendkataloge und ethische Leitfäden zusammen. Philosophen, Theologen und Pädagogen nutzten die Gelegenheit, um den Finger in die Wunde zu legen. Die Schrift *De clementia*, ›Über die Güte‹, von Seneca an den Kaiser Nero ist das berühmteste Beispiel dafür. Den Fürstenspiegeln ging es dabei nicht so sehr um das Auftreten und Verhalten der Oberen. Das Interesse galt eher der grundlegenden Einstellung und der Haltung des Führenden.

Seine Haltung zu überprüfen ist wie der Blick in einen Spiegel. Die Fürstenspiegel haben mit dieser Idee gearbeitet. Ein Fürstenspiegel dient der Selbstvergewisserung: Worauf muss ich achten, was darf ich nicht übersehen, worauf kommt es bei der Führung von Menschen an? Der Fürstenspiegel ist wie ein Anker, um sich in Stresssituationen nicht zu verlieren, um auf das Wesentliche zurückzukehren, sich selbst zu ermahnen, um seine Haltung jederzeit korrigieren zu können.

Die Selbstermahnungen des römischen Kaisers Mark Aurel (121–180), der die stoische Schule der Antike vertritt, und die Mahnschrift Bernhards von Clairvaux (1090–1153), des Begründers des Zisterzienserordens, an den Papst sind zwei Fürstenspiegel, die das abendländische Verständnis von Führung auf den Punkt bringen. Beide Autoren waren Philosophen und Führungspersönlichkeiten, Denker und Macher, kannten die Höhen und Niederungen des Führungsberufes in Theorie und Praxis, wussten um das Sein und um das Sollen. Beide Schriften zusammengenommen, Aurel in der Tradition von Sokrates und den Stoikern und Bernhard, der christliche Denker, zeigen die Maßstäbe, mit denen jeder seine Grundhaltung als Führungskraft begutachten kann.

Ein Menschenfreund sein

Wer führt, muss sich immer wieder von Belastung und Druck frei machen und sich neu auf die Menschen ausrichten; sich einen inneren Raum verschaffen, um nicht nur auf äußere Reize zu reagieren und aus dem Affekt heraus zu handeln. Für Mark Aurel bedarf die innere Haltung einer steten Nachjustierung: Komme zur Ruhe, kehre immer wieder zu einer »freundlichen Haltung« zurück. Die freundliche Haltung ist Ausdruck der Versöhnung und des Neubeginns. Menschen haben gute und schlechte Tage, haben ihren eigenen Kopf, reagieren emotional. Deshalb sind Zeiten der Sammlung so wichtig, um abzuwägen und um sich zu ordnen. Wenn Führungskräfte, Eltern, Lehrer, Trainer nicht von Zeit zu Zeit Abstand gewinnen, werden sie genervt und ungerecht. Einer hat es einmal so erklärt: »Wenn ich Stress mit meinen Kindern habe, gehe ich für einen Moment aus dem Feld. Ich verlasse den Raum und verschwinde in ein anderes Stockwerk. Schon nach wenigen Minuten fange ich mich wieder und kann mich versöhnen. Der Rauch ist verflogen und in Ruhe finden wir schnell wieder zusammen.«

Für Mark Aurel ist eine wohlwollende Grundgesinnung unbesiegbar. Ein Menschenfreund sieht hinter einer Fehlleistung keine böse Absicht, sondern geht von äußeren Umständen aus.

Wer die Fehlerhaftigkeit der Menschen nicht akzeptieren kann, den packt die Wut und er verliert die Heiterkeit. Doch ohne Heiterkeit und mit Ärger im Bauch gelangt Menschenführung in eine Misere. Ohne eine menschenfreundliche Haltung, ohne ein »fröhliches Herz« verzagt man, weil Menschen eigensinnig sind und von der Norm abweichen. Deshalb gilt: Nur wer auch Negativverläufe antizipiert, wer nicht Heldentaten erwartet, sondern solide Beiträge, der hat ein realistisches Verständnis von seinen Mitarbeitern und den zu erwartenden Ergebnissen.

manus agere – Probleme lösen helfen

Bernhard von Clairvaux drückt es in seinem Brief an Papst Eugen III. drastisch aus: »Ich kenne Deine Umgebung; Ungläubige und Umstürzler sind um Dich her. Wölfe, nicht Schafe, und doch bist Du deren Hirte.« Vielleicht sollte man diese Ernüchterung an den Anfang einer Ausbildung zur Führungskraft stellen. Nicht, um junge, aufstrebende Leute zu bremsen oder zu desillusionieren, sondern um zu erkennen, wie der Einzelne sich dazu stellt, dass es keine idealen Menschen und Teams gibt, sondern dass Fortschritte oft mühsam errungen werden müssen und immer einzelne Mitarbeiter dabei sind, die einem das Leben schwer machen.

Wenn Führungskräfte zu wenig Bodenhaftung haben, verzweifeln sie bald an den Schwierigkeiten des Alltags. Sie können ihren Auftrag nicht durchhalten. Im Unternehmen aufzusteigen, erscheint den meisten erstrebenswert. Aus dem ist etwas geworden, heißt es, der ist jetzt wer. Kleine Kinder sagen stolz: »Mein Papa ist ein Chef.« Aufsteigen aber bedeutet, immer mehr Verantwortung zu übernehmen. Ganz oben steht der, der am meisten Gewicht trägt. In London findet sich in der Nähe der Westminster Abbey an einer Eckbar eine mittelalterliche Abbildung mit Trägern einer Sänfte. Wenn die Straßen der Stadt nach langen Regenfällen schlammig waren, haben die »Chairmen«

die feinen Leute getragen. Der Begriff des Chairmans wurde in den heutigen Wortschatz als Vorsitzender, Obmann, Aufsichtsrat übernommen. Dieser hat ebenso wie der Vorstandsvorsitzende und der Geschäftsführer andere durch schlammiges Gelände zu tragen, durch schwierige Phasen zu leiten und zu stützen. Auch wenn jeder Mitarbeiter, wie es ein Manager einmal ausdrückte, »seine eigene Agenda hat«, also eigene Interessen verfolgt und anderen auch einmal ein Wolf ist – der CEO, der Chief Executive Officer, sollte vor allem ein »Culture Executive Officer« sein, ein Kulturbereiter, einer, der einen guten Boden für alle Mitarbeitenden bereitet. Wenn Mitarbeiter abfällig von der »Teppichetage« und von den »Krawattenträgern« reden, ist die Überzeugung, dass »die da oben« die Lasten tragen, nicht sehr groß. Das ändert sich, wenn Führungskräfte ihren Grundauftrag begreifen und ernst nehmen. Was heißt das?

Der Begriff Management kommt vom Lateinischen *manus agere*, wörtlich »an der Hand führen«, also Kontakt aufbauen, eine Beziehung herstellen, auf Tuchfühlung sein. Ein Manager klagte einmal: »Die Mitarbeiter laden ihren gesamten Müll auf meinem Schreibtisch ab. Kaum bin ich greifbar, überhäufen sie mich mit ihren Problemen.« Vielleicht ist das ein Grund, weshalb Führungskräfte oft nicht greifbar sind, weder zeitlich noch räumlich noch fachlich noch persönlich. Doch Management bedeutet, Probleme lösen zu helfen. Wären keine Probleme da, bräuchte es keinen Manager. Ein Verwalter würde ausreichen, der die Ergebnisse mit den Zielen vergleicht und einen Haken dahinter setzt.

Führen heißt: Vorsehen

Bernhard nimmt als Maßstab einer starken Führungskraft Apostel und Propheten: »Sie waren starke Krieger, keine Weichlinge in Seidengewändern.« Wer der Privilegien wegen Führungskraft werden will, ist fehl am Platz und der Aufgabe nicht gewachsen. Nicht die eigene Person darf im Vordergrund stehen; was zählt, ist der Einsatz für die Sache, für das höhere Ziel. »Wenn der Prophet erhöht wurde, so um das Land urbar zu machen, nicht um den Regenten zu spielen.« Ein Vorstandsvorsitzender meinte in diesem Sinne: »Als Zweiter oder Dritter kannst du mal abschalten. Als Erster bist du immer und für alles verantwortlich. Du darfst dir nichts schenken.« Den rechten Propheten erkennt man an seinen Früchten. Er geht voran, macht das Land urbar, stellt förderliche Rahmenbedingungen her. Er hat eine klare Vorstellung, wo er hinwill.

Aus alledem leitet Bernhard eine Kurzdefinition von Führen ab. Führen heißt: »Vorsehen, Beraten, Vermehren, Bewahren«. Diese Führungsfähigkeiten stehen in Beziehung zueinander. Es geht nicht bloß um das Vermehren; schon gar nicht darum, das größtmögliche Wachstum und die aufsehenerregendste Unternehmensstory im Sinn zu haben. Das Bewahren, die Gewährleistung einer kontinuierlichen Entwicklung wird als ebenso wichtig erachtet. Im »Beraten« steckt der Hinweis auf das Coaching der Mitarbeiter, aber auch darauf, sich selbst regelmäßig mit anderen zu beraten. Die erste Führungsqualität aber ist für Bernhard das Vorsehen. Was bedeutet dieses »Vorsehen« genau? Es kann zunächst heißen: Vorsicht, vorsichtig sein. Management und Unternehmertum wird häufig mit Kühnheit und Wagnis gleichgesetzt. Gute Unternehmer sind aber auch vorsichtige Menschen, die sich eines Risikos bewusst sind und die wissen, was sie Geldgebern, Mitarbeitern und Kunden schuldig sind. Wie der Sohn eines Bauern übernimmt ein Manager die Gebäude und die Grundstücke, um sie weiter zu bewirtschaften. Führungskräfte treten ein Erbe an, sagt Bernhard. Das gilt nicht nur für den »Erbfolger« des Eigentümers. Das Bild der Erbschaft gibt dem Selbstverständnis von Führungskräften allgemein einen heilsamen Rahmen. Auch »Fremdmanager« stehen in ihrer »Amtszeit« oder Ära quasi in einer Ahnenreihe. In Schlössern und alten Herrschaftshäusern ist die Reihe der Regenten in Gemäldezyklen ausgestellt. Erfolge, Reichtum und Macht hat einer dem anderen ebenso übergeben wie Erblasten, Schulden und Schuld. Heute neigen wir zur Geschichtsvergessenheit. »Ich muss es richten, ich, ich, ich« – das ist die innere Stimme, die Führungskräfte antreibt. Von einem Topmanager wird erwartet und verlangt, dass er den Vorgänger in jeder Hinsicht übertrifft. Als kurzfristiger Leistungsanreiz mag dies hilfreich sein, es führt aber weg von der Denkweise einer generationenübergreifenden Bewirtschaftung des Gutsbesitzes und bewirkt kurzsichtige Entscheidungen.

Menschen und Ziele verweben

Ein Vorseher lebt mit einem Bein in der Zukunft. Er malt sich aus, wie es sein wird, wenn dieses oder jenes eintritt. Er kann sich hineindenken und hineinfühlen in Situationen, die auf eine Gruppe, auf ein Unternehmen zukommen. Der Filmemacher Rainer Werner Fassbinder hat am Anfang seiner Karriere prophezeit: »Die Hanna Schygulla mache ich zu einem Weltstar.« Fassbinder muss schon einen Teil seiner späteren Filme im Kopf gehabt haben. Er hat sich ausgemalt, wie die Schauspielerin Schygulla dabei wirken wird und was das beim Publikum auslösen kann. Ein anderes Beispiel ist ein Familienunternehmer, über den Insider sagen: »Der ist in Gedanken schon in China.« Während in seinem Unternehmen gegenwärtig ein europäisches Produktionsnetzwerk aufgebaut wird, geht er selbst gedanklich schon einen Schritt weiter. Schwierigkeiten bei der Internationalisierung, die für die Mitarbeiter groß aussehen, sind in der Perspektive des Unternehmers klein. Nicht, weil er darüber hinweggeht und sie unterschätzt, sondern weil er in größeren Dimensionen und Zeiträumen denkt.

Der Vorseher ist auch »Vorausgeher«. Er erkundet neues Land. Seine Mission darf aber nicht zum Alleingang werden, sonst baut sich in der Mannschaft eine Gegenmacht auf. Das ist zu beobachten, wenn Visionäre und Veränderer ihr Augenmerk ausschließlich nach vorne richten. Wer zu schnell vorausläuft, übersieht, dass die anderen nicht eingebunden sind, nicht mehr mitkommen und sich anderweitig umschauen und orientieren. Für Mark Aurel ist Führen deshalb mit der Webekunst zu vergleichen: die Kunst, Ziele und Menschen miteinander zu verweben.

Als Mensch reifen, als Führungskraft wachsen

Keiner heißt es gut, wenn sich Führungskräfte, kaum in Position gehoben, wie der Zampano aufführen. Dagegen wird es geschätzt, wenn Menschen auch bei großem Erfolg die Alten bleiben. »Achte darauf, dass du dich nicht zum Cäsar machen und entsprechend färben lässt. Denn das kann geschehen. Sorge also dafür, dass du ein einfacher, guter, ehrlicher, ernsthafter, schlichter Mensch bist.« (Mark Aurel) Die Geisteshaltung des Führenden soll weniger von seiner äußeren Rolle als von seinem eigenen Menschsein geprägt sein.

Manager und Führungskräfte sind oft Getriebene. Sie lassen sich zu etwas machen oder machen sich selbst zu etwas, was sie gar nicht sind. Sie verlieren dabei den Kontakt zu sich selbst. Sie werden »eingefärbt«, lassen sich hinreißen, werden instrumentalisiert. In der Amtsauffassung Mark Aurels steht das eigene Menschsein im Mittelpunkt. Für ihn ist es undenkbar, auf dem Thron ein anderer zu sein als unter Freunden. Er bleibt er selbst, auch wenn er in seinem Amt Rücksichten zu nehmen hat. Fehlt Menschen diese Treue zu sich selbst, sind sie dazu verleitet, mehr darstellen zu wollen, als sie sind. In dieser inneren Schräglage können sie jedoch kein gesundes Verhältnis zu ihren Ämtern und Rollen bekommen. »Ein Affe auf dem Dach: Das ist ein dummer König auf dem Thron.« (Bernhard)

Seine Schwachheit annehmen
Zum Menschsein gehören Schwächen. Reife Menschen können ihre Schwächen vor sich selbst zugeben. Schwäche könne man sich in gehobenen Positionen nicht leisten, ist oft zu hören. Stimmt – aber nur dann, wenn die Souveränität fehlt. Selbstsichere Menschen haben weniger Probleme damit, über eigene Schwachstellen zu sprechen, weil sie wissen, dass es nicht auf die eigene Perfektion ankommt, sondern dass Menschen von Natur aus aufeinander angewiesen sind. Muss einer alles können? »Wer ist der Mann, dem nichts fehlte? Alles fehlt einem, der meint, es fehle ihm nichts … Sei deshalb weder träg in der Suche, was fehlt, noch verschämt im Bekenntnis des Mangels.« (Bernhard) Dazu passt folgendes Beispiel: In einem Unternehmen ist ein Bereich wegen seiner hervorragenden Ergebnisse bei einem Qualitäts-Audit aufgefallen. Der Geschäftsführer findet das sehr bemerkenswert und versucht Hintergründe zu erfahren. Nach mehreren Gesprächen mit Mitarbeitern ist er sehr verblüfft. Immer wieder hört er von der »menschlichen Größe« des zuständigen Bereichsleiters; davon, dass dieser auch eigene Unzulänglichkeiten nicht zu überdecken versucht. »Das ist die Hauptursache für unsere Qualitätsführerschaft. Unser Chef lebt uns vor, dass Vertuschen die Qualität gefährdet«, weiß eine Mitarbeiterin. Der Mensch ist ganz Mensch, wenn er seine eigenen Bedürfnisse, seine Sehnsüchte, aber auch seine Verletzlichkeit anschaut: Was brauche ich, um mich als Mensch zu fühlen? Ab wann bin ich nicht mehr ich selbst?

Ein weiteres Beispiel aus der Praxis: Auf einer Führungskräftetagung sollen die Vorstände Stellung zu einer kritischen Übergangsphase im Unternehmen beziehen. Es herrscht dicke Luft. Die Spannung im Raum ist deutlich spürbar. Alle warten ab. Da schnappt sich einer der Vorstände spontan das Mikrofon und stellt sich vor die Gruppe. Er senkt kurz den Kopf, atmet tief durch und setzt dann an: »Die letzten Monate liefen nicht nach Plan. Genauer gesagt: Die Zahlen sind eine Katastrophe. Jeder weiß das. Ich möchte nicht verhehlen, dass ich, dass wir im Vorstand aus heutiger Sicht einiges anders machen würden. Wir haben in den Turbulenzen dieser Zeit manches nicht richtig eingeschätzt und Sie alle an der einen oder anderen Stelle in die verkehrte Richtung geschickt. Jetzt wissen wir mehr, und wir werden das Ruder herumreißen. Dabei steht fest: Wir sind darauf angewiesen, dass alle hier drinnen mitmarschieren.« Stille im Publikum, nicht die üblichen Nebengespräche, die heruntergezogenen Mundwinkel und dann: starker und anhaltender Applaus. Die ehrliche und offene Art des Vorstands wirkt wie eine vertrauensbildende Maßnahme, wie eine Befreiung aus dem Geplänkel der Floskeln. Die Botschaft ist: Bei uns braucht man Fehler nicht zu vertuschen; Veränderungsprozesse verlaufen eben nicht linear; besser, es geht einmal etwas schief, als dass wir uns nicht bewegen.

Mit seiner eigenen Unvollkommenheit klarzukommen, ist ein Zeichen menschlicher Reife. Reife Menschen hängen nicht an Idealvorstellungen; weder von sich noch von anderen. Sie halten ihre eigenen Standpunkte nicht für absolut und können sich dadurch gut in andere hineinversetzen. Reife Menschen wissen, dass es so gut wie immer verschiedene Lösungsansätze gibt und es sich nicht lohnt, sich auf etwas zu versteifen. Reife Menschen verfügen über innere Flexibilität.

Der Blick auf eigene Grenzen hat noch eine andere Seite. Das zeigt folgender Vorfall: Ganz unerwartet kündigt ein bewährter

Kommunikationstrainer eines Trainingsinstituts das Arbeitsverhältnis. Die Eigentümer sind total überrascht. Sie haben bei ihrer Zukunftsplanung fest mit diesem Mitarbeiter gerechnet. Als sie genauer nach den Gründen fragen, werden sie sehr nachdenklich. Der Mitarbeiter schildert aus seiner Warte seine Sicht der Unternehmensführung: »Die Partner hier arbeiten auf einem extrem hohen Leistungsniveau, und gerade die ehrgeizigen Mitarbeiter messen sich daran. Ich habe für mich gemerkt, dass ich das nicht packe und auch nicht möchte. So habe ich die Konsequenzen gezogen.« Wenn die Vorbilder selbst auch einmal eine Schwäche zeigen, dann bringt das einen wichtigen menschlichen Zug in ein Team.

Seine Haltung durch Vorbilder stärken

Führung ist keine Ansammlung von einzelnen Techniken, Führen betrifft den ganzen Menschen. Um Führen zu erlernen, bedarf es deshalb auch eines ganzheitlichen Methodenansatzes. Besonders eignet sich das Lernen am Modell, wie es die Psychologen bezeichnen, die Orientierung an Vorbildern. Im Vorbild treten einem Eigenschaften, eine Wesensart, ein Charakterzug als wertvoll entgegen. Dabei ist es nicht die Eigenschaft oder die Eigenart an sich, die uns überzeugt. Zum Beispiel hat man »nachgiebiges Verhalten« schon oft als unpassend oder gar hemmend erlebt, doch bei einem bestimmten Menschen erlebt man »Nachgiebigkeit« plötzlich als hilfreichen und sogar problemlösenden Charakterzug. Ein Vorbild muss kein totales Vorbild sein, es genügt ein Teilaspekt, der uns anspricht und imponiert; die Art, einen Gedanken zu entwickeln etwa oder die Fähigkeit, in einer kritischen Sachaussage wertschätzend zu bleiben.

In seinen ›Selbstbetrachtungen‹ legt Mark Aurel Zeugnis davon ab, was es heißt, sich ein Vorbild zu nehmen. Er reflektiert

Charaktereigenschaften von Menschen, die ihn erzogen, ausgebildet und begleitet haben. Das hört sich dann so an: »Von meinem Großvater Verus wurden mir Ausgeglichenheit und Gelassenheit vorgelebt«; »bei meiner Mutter erlebte ich Frömmigkeit, Freigebigkeit und Abneigung gegen böse Taten und Gedanken, ferner Schlichtheit in der Lebensführung und Ablehnung eines aufwendigen Lebensstils«; »von meinem Erzieher lernte ich, weder für die Grünen noch die Blauen, die Rundschilde oder Langschilde Partei zu ergreifen, Anstrengungen zu ertragen, wenig zu benötigen, meine Arbeit selbst zu erledigen, mich nicht in fremde Angelegenheiten zu mischen und nicht auf üble Nachrede zu hören.« Aurel geht sechzehn Vorbilder durch, Menschen, die ihn geprägt haben und von denen er etwas übernimmt. Es geht ihm um mehr als um eine Best-Practice-Maßnahme. Die guten Seiten von anderen können nicht einfach kopiert werden. Sich ein Vorbild zu nehmen meint nicht, einen anderen zu imitieren, sondern den anderen in gewisser Hinsicht in sich aufzunehmen.

Jeder kann für sich diese Übung machen. Die Leitfrage dazu ist: Welche Menschen haben mir etwas mitgegeben, haben mich geprägt, sind mir ein Vorbild geworden? Man kann einmal auf diese Weise seine Biografie durchgehen und auf vorbildliche Charaktereigenschaften schauen: der Humor der Großmutter, die Zielstrebigkeit des Vaters. Kindergarten, Schule, Sportverein, Jugendgruppe – auf diesen Lebensstationen hat jeder Modelle des Führens erlebt, gute und schlechte. Der Lehrer, der seinen Schülern Selbstbewusstsein vermittelt hat; der Ausbilder, der zwar streng war, aber von dem man eine gründliche Arbeitsmethodik gelernt hat; der erste Vorgesetzte, dem man nichts vorzumachen brauchte und der einen authentisch gelehrt hat, dass Ehrlichkeit am längsten währt. Aber auch der Abteilungsleiter, bei dem man sich geschworen hat, es einmal selbst ganz bestimmt anders und besser zu machen. Von anderen etwas anzunehmen heißt, Anteil zu nehmen an deren Fähigkeiten. Wer seine Vorbilder kennt, der kennt auch sich selbst besser, weil er eine Ahnung davon bekommt, was zu ihm passt und welche Vorlieben er hat.

Überprüfen Sie Ihre Haltung, überprüfen Sie sich selbst. Nehmen Sie sich an mit Ihren Stärken und Schwächen. Vielleicht erstaunt Sie die Erkenntnis: Die Eignung zur Führungskraft hängt damit zusammen, selbst nicht perfekt zu sein. Wenn Sie mit eigenen Fehlern offen umgehen, zeigen Sie Größe und ermutigen andere, Fehler nicht zu kaschieren. Was heißt das für Sie: Mensch sein? Wie merken Sie, wenn Sie sich vom eigenen Menschsein entfernen? Als Mensch zu reifen bedeutet, als Führungskraft zu wachsen. Was heißt es für Sie, Ihren Mitmenschen gegenüber freundlich gesinnt zu sein? Gehen Sie voraus, entwerfen Sie die Zukunft, stellen Sie die Weichen, verweben Sie Menschen und Ziele. Halten Sie sich dabei an Vorbilder. Welches sind Ihre Vorbilder? Was sind Eigenschaften von Menschen, die Sie gerne in sich aufnehmen wollen und auch schon aufgenommen haben? Worin können Sie selbst anderen ein Vorbild sein? Schreiben Sie Ihren eigenen Fürstenspiegel! Notieren Sie wichtige Grundsätze und kommen Sie immer wieder darauf zurück.

6. Sich an die Kardinaltugenden halten

Wie können Menschen Werte leben und vorleben? Vor allem: Wie können sie sich auf diesem Gebiet weiterentwickeln und verbessern? Hilfreich ist ein Vergleich mit der Musik und mit dem Sport. Das Spiel eines musikalischen Virtuosen, die Vorführungen eines Spitzenakrobaten wirken schwungvoll und federleicht. Wie schwerfällig und fehlerbehaftet schauen Anfänger und auch durchschnittliche Akteure dagegen oft aus. Die Leichtigkeit der Profis kommt nicht von ungefähr. Dahinter steckt harte Arbeit und jahrelanges Training. Im Bereich der Lebensführung ist es nicht anders. Auch hier macht Übung den Meister. Loyalität, Freundlichkeit, Taktgefühl, Fleiß, Verschwiegenheit, Sachlichkeit, Zuverlässigkeit, Aufrichtigkeit – all diese Tugenden sind Ergebnis eines Übungswegs. Der Begriff der Tugend kommt von Tüchtigkeit. Der geistige Übungsweg allerdings ist kein simples Verhaltenstraining. Tugenden sind das Ergebnis einer ausgereiften inneren Haltung. Schon Seneca weiß: »Niemand nämlich kann lange eine Maske tragen. Vorgespieltes sinkt schnell in seine wahre Natur zurück.« Freundlichkeit beispielsweise kann bis zu einem gewissen Grade vorgetäuscht werden, aber am Ende merken es die anderen, wenn die Freundlichkeit nicht von innen kommt, sondern aufgesetzt ist. Echte Freundlichkeit ist eine Tugend, die auf einer positiven inneren Einstellung den Mitmenschen gegenüber aufbaut.

Tugenden sind gelebte Werte. Respekt beispielsweise ist ein Wert. Zur Tugend wird Respekt, wenn sich jemand diesen Wert zu eigen macht, wenn seine Haltung anderen Menschen gegenüber tatsächlich von Respekt getragen ist und dies auch in schwierigen Situationen seine Geltung behält.

Wie kann ein Trainingsprogramm der inneren Haltung aussehen? Platon baut seinen Lehrplan auf einem Wissen über die

Grundtugenden des Lebens auf. So wie ein Leichtathlet an bestimmten Grunddisziplinen wie Ausdauer, Kraft und mentaler Stärke arbeitet, so kann man sich im Bereich der Lebensführung an Grundtugenden orientieren. Platon definiert die vier Kardinaltugenden. Der Begriff leitet sich von dem lateinischen Wort *cardo*, Türangel, ab. Die Kardinaltugenden sind die Aufhängung, die Verankerung für richtiges Handeln. Die Klugheit, die Tapferkeit, das rechte Maß, die Mäßigung und die Gerechtigkeit öffnen die Tür zu allen anderen Einzeltugenden. Wie können – in einer zeitgemäßen Ausdrucksweise – Klarheit, Mut, Maß und Fairness für das Leben von Werten anleiten?

Die Klarheit – ein unverstellter Blick auf die Realität

Die Klarheit leitet sich von Platons Klugheit ab. Klug vorzugehen heißt, auf der Basis eines möglichst umfassenden Bildes zu handeln. Als klug gilt aber auch der, der seinen Vorteil zu nutzen weiß, ohne es sich mit anderen zu verscherzen. Machiavelli baut seine Ratschläge für den Fürsten darauf auf. Ohne Kalkül und Machtinstinkt ziehe man im Spiel um Gunst und Vorteile den Kürzeren. Man muss Machiavelli in diesem Punkt recht geben. Ein Idealist, der nicht »nach der Beschaffenheit der Zeiten abwägt«, kann sich schwerlich im Gestrüpp entgegengesetzter Interessen behaupten. Der Ausdruck »klug sein wie eine Schlange« ist sprichwörtlich. Das heißt zweierlei. Zum einen liegt für viele die Klugheit nahe bei der Gerissenheit. Zum anderen gibt das Bild der auf dem Boden kriechenden Schlange einen Hinweis auf den Kerngedanken der Klugheit: die Erdverbundenheit und damit der Realitätssinn.

Klugheit ist der nüchterne, der unverstellte und klare Blick auf die Realität und damit die Grundlage für alle Entscheidungen und Handlungen. Wer die Wirklichkeit so sieht, wie sie ist, neigt weder zu übertriebenem Optimismus noch zu Pessimismus. Klugheit ist die Tugend des klaren Kopfes. Ein Beispiel kann das illustrieren: Der Leiter eines Beratungsunternehmens hat seine Mitarbeiter auf der Grundlage eines Persönlichkeitstests nach verschiedenen Persönlichkeitstypen eingestuft. Sein Hintergedanke dabei war, die einzelnen Mitarbeiter dadurch gezielter führen zu können und die Teamarbeit anzuregen. Einen Auszubildenden hat er in diesem Prozess als einen »intuitiven und kreativen Persönlichkeitstyp« ausgemacht. In der Folge hat er dafür gesorgt, dass der Azubi seine Arbeit freier gestalten konnte. Schließlich wollte er dem Profil des Einzelnen auch gerecht werden. Dann passierte aber Folgendes: Der Auszubildende kam fortan zur Arbeit, wie er lustig war; einmal um halb zehn Uhr morgens, ein andermal erst um viertel nach zehn. Im Team wurde schon getuschelt, doch erst als richtig Unruhe deswegen aufkam, hat der Chef den Auszubildenden zur Ordnung gerufen. Dem Chef ist durch seine Begeisterung für die psychologische Methode der klare Blick auf die Realitäten abhanden gekommen. Theorien und Erklärungsmodelle sind Orientierungshilfen. Ausschlaggebend muss aber immer der gesunde Menschenverstand sein.

Wie schafft man das: Klarheit zu gewinnen? Worauf es ankommt, ist der Blick auf das Wesentliche: Was sind die entscheidenden Informationen? Wie sind die Zusammenhänge? Was sagen die Zwischentöne? »Mein Chef sieht bloß das, was er sehen will«, klagt eine Mitarbeiterin. Es wird diesem Chef alsbald auch nur noch gesagt werden, was er hören will, und gezeigt, was ihm gefällt. Früher oder später brechen Systeme, in denen Realitäten geleugnet werden, in sich zusammen. Einen festen Stand hat dagegen, wem die Wirklichkeit schmeckt und nicht nur die eigene Lieblingswahrheit.

Wer klar ist, kann sich leichter verändern

Veränderungen erfordern, sich von lieb gewonnenen Wahrheiten zu lösen. Wer klarsieht und Argumente möglichst objektiv betrachtet, dem fällt es leichter, alte Zöpfe abzuschneiden. Wenn man an etwas hängt, drückt man gern ein Auge zu, auch wenn man ahnt, dass es so nicht weitergeht. Wer nicht fähig ist, sich von der Wirklichkeit eines Besseren belehren zu lassen, der sieht nicht klar, sondern macht die Augen zu und handelt fahrlässig. Es wird etwas aufrechterhalten, was bei genauer Betrachtung gar nicht mehr richtig funktioniert.

Wenn der Chef Klartext spricht, wissen die Mitarbeiter, woran sie sind. Die Alternativen werden eingeschränkt und dadurch wird die Handlungsfähigkeit erhöht. Veränderung braucht eine Richtung: Ein klares »Ja«, ein klares »Nein« klärt die Fronten. Eine klare Führungskraft fragt ihre Mitarbeiter, was sie wollen, was ihnen passt und was nicht, sie spricht dies direkt an und redet nicht um den heißen Brei herum. Sie versteht es, knappe und schlüssige Antworten zu geben und nicht auszuholen und zu schwadronieren. Sie blickt auf die Tatsachen: Was klappt und was geht schief. Sie beobachtet, schaut aber nicht endlos zu, sondern handelt. Wenn etwa deutlich wird, dass ein Mitarbeiter mit seinen Aufgaben überfordert ist, bringt es nichts, auf Zeit zu spielen. Ein Abteilungsleiter in der Automobilindustrie beispielsweise hat auf diese Weise einen Gruppenleiter, der Schwierigkeiten mit der Personalführung hatte, zu einem Projektberater gemacht. Der erfahrene Mitarbeiter konnte mit seinem Expertenwissen die Projekte glänzend unterstützen, und allen ging es nach kurzer Zeit besser.

Dass für einen klaren Blick ein Mindestmaß an Distanz notwendig ist, zeigt ein anderes Beispiel: Ein Finanzvorstand wollte für jeden Handgriff seiner Mitarbeiter einen Plan und einen Bericht vorgelegt bekommen. Hoch qualifizierte Mitarbeiter haben sich gefühlt wie Marionetten, und immer häufiger kam es zu einem Handlungsstau. Beim Versuch, im Detail genau zu sein, ist der klare Blick für den Gesamtvorgang verloren gegangen. Klug ist das nicht, weil es der Situation nicht gerecht wird. Kurzatmige Ansagen und Detailversessenheit sind kein Ersatz für fehlende Botschaften zur Vision und Gesamtentwicklung. Wenn Mitarbeiter Vorgesetzte um einen Rat ersuchen, dann erhoffen sie sich eine Einordnung ihrer eingeschlagenen Route in eine größere Landkarte, sie erwarten keine Detaildiskussion, sondern möchten die Angelegenheit in einem größeren Zusammenhang anschauen.

Um Klarheit zu schaffen, müssen Möglichkeiten und Grenzen genau beschrieben, Hirngespinste vertrieben und Hintertürchen geschlossen werden. Unschärfen, Grauzonen und Interpretationen führen schnell zu Missverständnissen: »Ich hatte das anders verstanden ...« Doch um Klarheit zu schaffen, bedarf es des Mutes, einen Standpunkt zu äußern, der vielleicht nicht allen gefällt.

Der Mut – Aufbrechen und Durchhalten

Wenn in Unternehmen über Veränderung gesprochen wird, taucht immer wieder der Begriff des Mutes auf. Mut, etwas Neues zu wagen, Mut, Verantwortung zu übernehmen, Mut, sich nicht von Rückschlägen beirren zu lassen. Veränderung ist ohne Mut nicht möglich. Veränderung bedeutet, etwas Bekanntes aufzugeben und etwas Unbekanntes zu beginnen. Mut ist das Wagnis des ersten Schrittes. Reformer sind mutige Menschen, weil sie dem Widerstand trotzen, nicht zaghaft sind und ein persönliches Risiko eingehen. Scheitert die Reform, wird der Reformer verhöhnt. Mut ist nicht Tollkühnheit – eine Provokation, eine leichtfertige Investition –, Mut kämpft für etwas Werthaltiges, zum Beispiel für bessere Zukunftschancen eines

Unternehmens. Die Mutprobe von Jugendlichen ist halbstark. Der erwachsene, der starke Mut muss nichts beweisen, sondern arbeitet im Dienste einer Sache. Der Mutige setzt etwas aufs Spiel, sein Einsatz ist er selbst. Wenn sich ein Manager offen und öffentlich für einen bestimmten Kurs einsetzt, dann bietet er Reibungsfläche. Jedes Problem, das bei der Umsetzung auftritt, kann ihm angekreidet werden. Besserwisser gibt es genügend. Nur: Wenn keiner das Herz in die Hand nimmt und sich hinstellt, dann verändert sich nichts.

Das wesentliche Kennzeichen von Mut ist nicht die Angriffslust, sondern die Standfestigkeit. Poltern und Raufen sind Zeichen eines unsicheren Standpunktes. Mut bedeutet dagegen standzuhalten, nicht auszuweichen, nicht andere vorzuschützen, nicht zu flüchten, sondern für etwas zu stehen und dafür einzustehen, etwas durchzustehen. Mut ist Langmut, Geduld, Durchhaltevermögen. Wer ein Unternehmen erneuern will, der braucht Steherqualitäten; den Mut, zu sich und zu seinem Weg zu stehen. Es reicht nicht aus, eine Analyse durchzuführen, Beschlüsse zu fassen und ein Zehnpunkteprogramm zu verabschieden. Veränderer halten durch, gehen durch dick und dünn, nur so können sie erfolgreich sein. Wer sich einer Sache ganz verschreibt, der verzichtet erst einmal auf andere Optionen und setzt nicht schon nach zwei Jahren auf ein anderes Pferd. Denn weitreichende Richtungsentscheidungen können nach zwei Jahren noch gar nicht umgesetzt sein. Möglicherweise entgeht einem dadurch eine Karrierechance, vielleicht ist man am Ende der Dumme. Diese Gefahr einzugehen, zeichnet den Mutigen aus.

Krisen ermöglichen Veränderung

Mutig ist es, Kinder in die Welt zu setzen. Den Kindern kann etwas zustoßen, sie haben schwierige Entwicklungsphasen, und immer sind die Eltern zuständig. Die Eltern tragen die Kinder –

physisch und psychisch. Sie ertragen sie, auch wenn sie unerträglich sind. Auf diese Weise erwächst ein Urvertrauen, aus dem mutige Menschen hervorgehen. Kinder lernen: Ich muss nicht lieb und nett sein, um anerkannt zu werden. Ich kann auch einmal etwas ausleben und gehe trotzdem nicht verloren. Kinder sie selbst werden zu lassen, ist mutig, weil man nicht genau weiß, wo die Reise hingehen wird.

Mitarbeiter durch Umbruchphasen hindurchzuführen, ist in gewisser Weise ein ähnliches Unterfangen. Mitarbeiter lassen ihren Unmut spüren, wenn zu viele Erwartungen auf sie einströmen und sie keine Orientierung mehr haben. Der etwas veraltete Begriff der Tapferkeit zeigt aber, dass genau in diesen Grenzsituationen etwas aufbricht. Die Helden in Sagen, Märchen und Spielfilmen trotzen den Widrigkeiten und führen andere durch Kälte und Stürme. Erst durch diesen Aufbruch wird für alle erlebbar, was möglich ist. Die Tugend des Mutes steht mit der Krise auf Du und Du. Die Krise ist eine Freundin der Veränderung. Dies kann bei Teamprozessen gut beobachtet werden, wenn Krisensituationen plötzlich einen Ruck erzeugen. Solange alles friedlich plätschert, werden die entscheidenden Themen nicht angesprochen. Am Nullpunkt, wenn jeder das Gefühl hat, dass nichts mehr geht, kommt es häufig zu einer Neufindung, weil die Vorbehalte, die Felsbrocken, die zwischen den Menschen liegen, ins Rollen kommen. Das Team lernt, dass es nicht an den Konflikten zerbricht, sondern an offener Kritik wächst. Tapferkeit ist gefordert, der Mut, sich zu äußern.

Die alten Griechen kennen zwei Begriffe für die Zeit: *chronos* ist die dahinfließende Zeit, *kairos* ist der besondere Augenblick. Jeder hat schon Momente erlebt, in denen man zur rechten Zeit am rechten Ort zu sein scheint, weil alles gelingt und einem alles irgendwie zufliegt. Doch nicht nur dieser »Flowzustand« ist *kairos*, auch und vor allem die *krisis* ist *kairos*. Die Krise ist eine Ausnahmesituation. Die Menschen schlittern in sie hinein und plötzlich sind sie mutig, weil etwas auf dem Spiel steht, sie nun mit der Sprache herauskommen und handeln müssen. Bei Naturkatastrophen helfen sich auf einmal Nachbarn gegenseitig, die sich vorher spinnefeind waren. Teams stellen ihre internen Querelen hintan, wenn ein Auftrag in Gefahr ist und es um das Überleben des Projekts geht.

Auf seine innere Stimme vertrauen
Ein guter Coach im Sport stärkt das Selbstbewusstsein seiner Spieler und feuert sie an: »Gut gemacht«, »Ein Super-Zuspiel«, »Ausgezeichnete Laufarbeit«. Der Mut ist die Mutter des Zutrauens. Ein mutiger Trainer lässt sich nicht so leicht von außen beirren. Er prägt seinen eigenen Stil. Führungskräfte, die selbst mutlos sind, tun sich schwer mit Zuspruch und Ermutigung. Sie sind nicht frei genug, fühlen sich gefesselt an Tagesprobleme. Mut und Zutrauen erfordern eine innere Freiheit und Unabhängigkeit, das Hören und das Vertrauen auf die innere Stimme.

Das Urbild des Mutes ist der furchtlose Ritter, der beherzte Kämpfer. Ohne den Kampf für die eigene Überzeugung und ohne Willensstärke kann auch in Unternehmen nichts bewegt werden. Selbstbewusste Manager belohnen Mut, indem sie couragierte Mitarbeiter unterstützen und Chancen eröffnen. Mut erfordert Kraft und Anstrengung. Um den Mut bei Gegenwind, Zwischenfällen und Rückschlägen nicht zu verlieren, aber auch, um nicht übermütig zu werden, bedarf es des rechten Maßes.

Das rechte Maß – das Richtige austarieren

Mitarbeiter sind heute mit sehr unterschiedlichen Erwartungen konfrontiert: Sei selbstständig und kreativ, halte dich aber auch an die Standards! Tete selbstbewusst auf, verlasse jedoch nicht die vorgegebene Linie! Das moderne Arbeitssystem ist für alle

Beteiligten eine Gratwanderung zwischen Freiraum und Disziplin, zwischen Individualität und Anpassung. Das autoritäre System hat zwar endgültig ausgedient, doch mit Freizügigkeit allein ist auch kein Staat zu machen. Weder eine Familie noch eine Schulklasse noch ein Unternehmen kann funktionieren, wenn sich jeder nach Lust und Laune benimmt. Die Mitte, das rechte Maß liegt aber nicht auf der Hand, sondern muss gesucht werden, ertastet. Junge Führungskräfte wissen, was es heißt, sich bei der ersten Leitungsfunktion zwischen einem Laissez-fairen- und einem autoritären Führungsstil hin- und hergerissen zu fühlen. Die meisten erleben das so. Zunächst werden die Zügel locker gelassen – man will ja kein strenger Chef sein. Doch bei den ersten Zwischenfällen und Abweichungen schlägt das Pendel in die andere Richtung aus. Erfahrene Führungskräfte entwickeln dagegen für jeden Einzelnen ihrer Mitarbeiter ein Gespür und finden das rechte Maß aus Vorgabe und Freiheit; je nachdem, ob sich ein Mitarbeiter in einer Orientierungsphase befindet oder ob man einen Vollprofi zu führen hat.

Mit Disziplin geht es allen besser
Den Dingen einfach ihren Lauf zu lassen, geht schief, weil die Fäden auseinanderlaufen und der Einzelne sich verliert. Der Versuch der totalen Kontrolle scheitert genauso, weil die Mitarbeiter und das Unternehmen dadurch zu Gegnern werden. Besonders in Veränderungsprozessen benötigen Menschen einen Ordnungsrahmen, der Disziplin vorschreibt, der aber auch Luft zum Atmen gibt. Dies ist das Erfolgsgeheimnis Benedikts von Nursia, der im 6. Jahrhundert seine Klosterregel als *ordo*, als eine Arbeits- und Lebensordnung, schreibt. In einer Tagesstruktur sind Gebets-, Essens- und Arbeitszeiten genau festgelegt. Eine äußere Struktur – so die dahinterliegende Überzeugung – verhilft Menschen zu innerer Freiheit. Kinder, die alles dürfen, fühlen sich nicht frei, sie konsumieren, lassen sich gehen, irren

umher. Der Begriff der Wohlstandsverwahrlosung kommt nicht
von ungefähr. Aber auch Erwachsene benötigen ein Lebens-
gerüst, eine Lebensordnung. So leiden arbeitslose Menschen
zum Beispiel darunter, dass ihnen die Struktur für den Tag, für
die Woche und das Jahr abhanden gekommen ist. Die Zeit verläuft ohne den notwendigen Rhythmus aus Spannung und Entspannung. Zeitdisziplin engt den Menschen nicht ein, sondern
verhilft ihm dazu, seine Kräfte zu bündeln, sich in eine Materie
zu vertiefen und Ergebnisse zustande zu bringen.

Wenn man seine Arbeitsstruktur verliert und im Chaos zu
versinken droht, dann kann es hilfreich sein, erst einmal den
Schreibtisch aufzuräumen; die wild verteilten Stifte in die
Schublade zurückzulegen; fliegende Blätter in Ordnern oder im
Papierkorb verschwinden zu lassen. Mit der frei werdenden Ar-
beitsfläche wird auch der Kopf wieder frei. Innerlich aufgeräumt
kann man sich gleich viel besser an die Arbeit machen.

Wenn Menschen in der Hektik des Alltags ihr Gleichgewicht
verlieren, neigen sie zu Übertreibungen, werden aggressiv oder
vergraben sich. Dann haben Eltern, Erzieher und Führungskräfte die Aufgabe, sie wieder in die Mitte zu rufen und für das rechte Maß zu sorgen: den Heftigen mildern, den Bockigen öffnen,
den Laschen aufmuntern, den Chaotischen strukturieren, den
Zwanghaften lockern, den Überehrgeizigen entspannen, den
Verfahrenen ausrichten, den Rastlosen zur Besinnung bringen.

Seinen Platz im Bus finden

Das rechte Maß hat nichts mit Mittelmäßigkeit und schon gar
nichts mit Gleichmacherei zu tun. Im Gegenteil: Jeder hat sein
eigenes Maß. Menschen haben unterschiedliche Talente, gehen
unterschiedlich an Dinge heran, sind unterschiedlich belastbar.
Das rechte Maß zu finden bedeutet für Führungskräfte, die Mitarbeiter zu unterscheiden, deren Individualität wertzuschätzen
und den richtigen Platz für jeden im Team zu finden. So wie

in diesem Fall: In einem dynamischen und wachsenden Klein-
unternehmen macht die Teamassistentin der Geschäftsführung
Sorgen. Termine werden nicht sauber koordiniert, Planungen
geraten durcheinander. Dabei ist die Assistentin bei Kunden
sehr angesehen. »So wie sie mit den Kunden telefoniert und umgeht, ist sie ein Aushängeschild unserer Firma«, weiß der Chef.
Da entsteht eine Idee: Aus der bisherigen Assistentin wird eine
Kundenbetreuerin. Die Teamassistenz geht auf eine Mitarbeiterin aus dem Marketing über, die sich durch hohe Zuverlässigkeit
und Gründlichkeit auszeichnet. Da diese sich selbst mehr als
»Arbeitsbiene« und weniger als »Kreativgenie« einordnet, passt
das. Für das Marketing wird jemand von außen geholt. Nicht
immer geht die Zuordnung der Talente im Team so glatt auf
wie in diesem Beispiel. Aber immer mehr Unternehmen lösen
sich von starren Jobabgrenzungen und finden durch Rochaden
und Veränderung Einzelner zu einem optimalen Einsatz der
Mitarbeiter. Für den Managementvordenker Jim Collins liegt
der Schlüssel überdurchschnittlich erfolgreicher Unternehmen
darin, die richtigen Menschen zusammenzubringen: »First get
the right people on the bus.« Zuallererst müssen die richtigen
Persönlichkeiten in einem Team zusammenfinden, und die
menschliche Basis muss stimmen. Die optimale Zuordnung der
Talente und Fähigkeiten ist ein Suchprozess, der darauf aufbaut.

Geschwindigkeit variieren
Mitarbeiter verfügen nicht nur über unterschiedliche Talente
und Charaktere, sie haben auch unterschiedliche Geschwindig-
keiten. Viele Führungskräfte haben damit Schwierigkeiten. Wer
selbst am Lenkrad sitzt und auf das Gaspedal tritt, kann leicht
übersehen, dass andere noch nicht so weit sind. Veränderern
geht alles viel zu langsam. Doch der eine oder andere Mitarbeiter kommt bei Umgestaltungen einfach nicht so schnell mit.
Wenn der Bus aber nicht anhält, kann keiner einsteigen. Und

wenn der Busfahrer sich nicht die Zeit nimmt, um dem Einsteigenden Auskunft darüber zu geben, wie die Route verläuft und welchen Platz er im Bus am besten einnimmt, ist es schwer, sich einzufinden. Was zu beobachten ist: Ein Teil der Mitarbeiter hat mit der Geschwindigkeit überhaupt keine Probleme. Diese Geschwindigkeitsfans springen flugs auf den Zug auf und sind dabei sogar noch imstande, Erwartungen des Unternehmens und des Kunden zu antizipieren. Ein anderer Teil jedoch ist im Alltag mit ganz anderen Fragen beschäftigt und nimmt nur allmählich Fahrt auf. Ein Manager gibt zu: »Ich kann mich oft gar nicht mehr in die Mitarbeiter hineinversetzen. Wo stehen sie? Was wissen sie? Wo muss ich sie abholen?« Die Tugend des rechten Maßes stellt genau diese Fragen. Führungskräfte, die sich die Zeit nehmen, um Einzelne abzuholen, die sich auf die Mitarbeiter einstellen können, die selbst ihre eigene Geschwindigkeit variieren und anpassen können, sind großartige Veränderer, weil sie jedem die Chance geben, in den Bus einzusteigen und seinen Platz im neuen System zu finden. Für Aristoteles ist dies deshalb die höchste Tugend: jedem das Seine zuzuteilen. Damit ist auf die vierte Kardinaltugend verwiesen: die Gerechtigkeit, sprich die Fairness.

Die Fairness – Chancen eröffnen

Für Menschen gibt es kaum etwas Schlimmeres, als unfair behandelt zu werden. Wenn Kinder das Gefühl haben, dass Lehrer andere bevorzugen, deprimiert sie das. Ein Spiel im Sport zu verlieren, ist nicht schön, es jedoch aufgrund unfairer Mittel des Gegners zu verlieren oder wegen grober Fehlentscheidungen des Schiedsrichters, tut doppelt weh. Fairness und Würde hängen unmittelbar zusammen. Wenn man sich ungerecht behandelt sieht, empfindet man die Anerkennung seiner Person verletzt.

Fairness und Humanität gehen Hand in Hand. Das sogenannte Ultimatumspiel, ein Gedankenexperiment aus der Sozialethik, kann den hohen Stellenwert von Fairness für Menschen nachweisen. Eine Versuchsgruppe wird in zwei Untergruppen aufgeteilt. Die Gruppe A erhält tausend Euro und den Auftrag, sich mit der Gruppe B über die Verteilung des Geldes zu einigen. Kommt es zu keiner Einigung – so sieht es das Experiment vor –, geht der Einsatz an die Spielleitung zurück. Die Ergebnisstatistik weist dazu Folgendes aus: B nimmt das Angebot erst bei vierzig bis fünfzig Prozent »Gewinnanteil« an. Wieso lehnt B dreihundert Euro ab? Man könnte doch sagen: Haben oder nicht haben, was soll's. Doch siegt hier ganz offenbar die Empörung über das Profitstreben. Lieber verzichtet man, als sich auf einen als unfair empfundenen Handel einzulassen.

Transparenz herstellen

Was ist fair? Als fair wird empfunden, das zu bekommen, was einem zusteht. Was aber steht dem einzelnen Menschen, dem einzelnen Mitarbeiter tatsächlich zu? Was wird ihm gerecht? Der Maßstab sind die Fähigkeiten des Mitarbeiters. Wenn jemand seinen Fähigkeiten entsprechend eingesetzt wird, dann kann das als fair bezeichnet werden. Was aber diese Fähigkeiten wirklich sind, kann nur herausgefunden werden, wenn jeder Einzelne genügend Chancen erhält, sich zu zeigen und sich zu beweisen: durch die Leitung eines Projektes oder die Übernahme einer verantwortlichen Aufgabe. Ein wichtiger Fairnessgrundsatz aber ist: Jeder soll die Gelegenheit haben, etwas auf seine Weise zu tun. Es ist nicht fair, von einem anderen zu verlangen, etwas genauso zu machen, wie man selbst es tut oder täte. Jeder arbeitet mit seinen Mitteln. Die Tugend der Fairness setzt daher ein hohes Maß an innerer Elastizität voraus. Macht definieren die Soziologen als die Möglichkeit, einem anderen seinen Willen aufzudrängen. Fairness dagegen ist die Haltung, einen anderen beweisen zu lassen, was er von sich aus zu leisten imstande ist.

Um den eigenen Arbeitsansatz finden zu können, muss man wissen, was genau von einem erwartet wird. Fairness baut auf Transparenz. In einer zähen Phase eines Veränderungsprozesses machte ein Geschäftsführer in kleinem Kreis seiner Anspannung einmal Luft:»Am liebsten würde ich ein Drittel des mittleren Managements auswechseln. Seit Jahren rede ich auf die ein und keiner bewegt sich.« Was der Verärgerte in seiner Rage wahrscheinlich nicht sieht, ist der eigene Anteil an der verkorksten Situation. Hat er wirklich jedem die Dringlichkeit der Veränderung, die absolute Notwendigkeit davon auf eine Weise vermittelt, die die anderen mit ihrer erlebten Wirklichkeit in Verbindung bringen und abgleichen können? Weiß jeder, was er persönlich anders machen muss? Sind die nötigen Unterstützungsmaßnahmen bereitgestellt? Mit anderen Worten: Ist die Vorgehensweise wirklich transparent und fair?

Aufeinander hören

Ist denn aber angesichts eines steigenden Konkurrenzdrucks in der Wirtschaft überhaupt noch Platz für Fairness? Was hat jemand davon, wenn er auf andere zugeht, wenn er anderen Chancen eröffnet? Eine treffende Antwort darauf findet die Benediktsregel. Sie lautet: Ihr sollt im Aufeinander-Hören miteinander wetteifern. Das kann im übertragenen Sinne bedeuten: Gesunde Konkurrenz innerhalb einer Gruppe führt zum Ziel. Aber auch andersherum: Wenn Führungskräfte und Mitarbeiter nicht aufeinander hören, dann kommen die Gruppenmitglieder nicht zusammen; Informationen fließen nicht ausreichend, und die Zusammenarbeit funktioniert nicht. Davon hat am Ende keiner etwas. Im Aufeinander-Hören erringt jeder einen Wettbewerbsvorteil, weil dadurch eine persönliche Korrektur möglich ist und Wissen angereichert wird. Leistungsorientierung und gegenseitige Unterstützung müssen sich nicht widersprechen. Die Ellenbogengesellschaft ist auf Dauer nicht erfolgreich, weil die Verluste höher sind als die Gewinne. In einer fairen Zusammenarbeit hingegen werden wichtige Erfahrungen weitergegeben. Dadurch kann jeder zeigen, was er kann – zum Nutzen aller.

Kein Mensch ist zu jeder Zeit klar, mutig, maßvoll und fair. Im Gegenteil: Ist man nicht oft geradezu verwirrt, mutlos, maßlos und auch unfair? Die Kardinaltugenden geben Orientierung und setzen Impulse, wie Werte gelebt werden können. Nehmen Sie die vier klassischen Tugenden als einen Übungsweg und als Türöffner, um auch in Stresssituationen das Wesentliche nicht aus dem Auge zu verlieren. So wie ein Sportler nicht aufhören darf zu trainieren, weil er sonst schlapp wird, so ist es auch mit den Tugenden: Man muss immer wieder aufs Neue für Klarheit sorgen, für sich und für andere; immer wieder Mut aufbringen und etwas durchstehen; immer wieder das rechte Maß finden, sich und andere ordnen; tagtäglich danach trachten, anderen gerecht zu werden. Wer aber dran bleibt und übt, der verinnerlicht die Tugenden und lässt sie zu einer inneren Haltung werden. Er schreitet fort in der Schule des Lebens, um es schließlich zu dem zu bringen, was der mittelalterliche Denker Meister Eckhart einen »Lebemeister« nennt.

7. Fehlhaltungen überwinden

Umwälzungen und neue Anforderungen führen Menschen an ihre Grenzen heran. Aussagen dazu sind: »Mit der Fusion ist alles anders geworden: Aufgaben, Ansprechpartner, Abläufe – ich kenne mich überhaupt nicht mehr aus« oder »Plötzlich muss alles auf Englisch sein – wie soll das gehen?« Manche Führungskräfte fragen sich: »Muss man denn heute jeden fragen, ehe man etwas entscheiden kann?« Bei näherem Hinschauen ist zu beobachten, dass die Betroffenen in der Tat mit ihrem Verhaltensrepertoire nicht mehr auskommen; das eigene Weltbild gerät ins Wanken. In solchen Stress- und Grenzsituationen baut sich oft eine innere Abwehr auf, begleitet von negativen Gefühlen wie Ängsten, Wut und Pessimismus: »Nichts funktioniert mehr.« »Alles ist schlechter geworden.« Unausgesprochen steckt hinter diesen Klagen eine Beklemmung: »Ich komme mit der neuen Situation einfach nicht klar.« Leicht kann es dann passieren, dass sich Menschen in einen Kokon einspinnen und sich abschotten.

Höchst aufschlussreich sind in diesem Zusammenhang die Einsichten der Wüstenväter, wie man sie nannte: christliche Mönche, die sich im 3. und 4. Jahrhundert in die Wüsten Ägyptens, Palästinas und Syriens zurückzogen. Diese Eremiten verfolgten ein hohes Ziel. Sie wollten allen Ablenkungen der Zivilisation entfliehen, um ganz Mensch zu werden. Bei ihren Selbsterforschungen und Meditationen unter den extremen Bedingungen der Wildnis und der Einsamkeit haben sie für sich eines ganz besonders scharf erkannt: Wenn Menschen in ihrer geistigen Entwicklung stehen bleiben und sich nicht verändern, dann schrumpfen sie innerlich und fallen den inneren Beharrungskräften, den Dämonen, zum Opfer.

Evagrius von Pontus, ein griechischer Theologe (346–399),

stellt diese Dämonen in einem Katalog zusammen, der als die »Sieben Todsünden« überliefert wurde. Das Germanische *sund* bezeichnet die Enge, also eine innere Unfreiheit. Tödlich sind die Todsünden deshalb, weil sie den Menschen am persönlichen Wachstum hindern. Es existiert jedoch ein Ausweg aus diesen inneren Fehlhaltungen: der Prozess der Umkehr. In der Umkehr befreit sich der Mensch von seinen Verengungen. Er kehrt zurück in die Wüste. Gemeint ist damit, sich nicht abzulenken und wegzuschauen, sondern sich seiner Abwehrmechanismen bewusst zu werden und sich seinen Dämonen zu stellen. Das Ziel dabei ist ein Neuanfang, eine innere Erfrischung, um die Aufgaben, die einem das Leben entgegenträgt, wieder offen angehen zu können.

Dämonen sind Herausforderer. Wenn sie überwunden werden, wenn die Umkehr gelingt, kann ihre Kraft die persönliche Entwicklung, aber auch die Veränderungsprozesse in Unternehmen beflügeln. Wenn Führungskräfte die Dämonen bei sich selbst und bei ihren Mitarbeitern erkennen, dann kommen sie an die Dreh- und Angelpunkte der Veränderung heran.

Den Stolz umkehren – sich neu identifizieren

Die erste Fehlhaltung ist der Stolz. Der Stolz hat zwei Seiten. Die gute Seite ist die Fähigkeit, sich mit etwas identifizieren zu können. Mitarbeiter, die stolz auf ihr Unternehmen sind, setzen sich ein, als wäre es ihr eigenes. Der Berufsstolz wie etwa bei klassischen Handwerksberufen verbindet die Branchenangehörigen mit einer langen Tradition und trägt zu einem starken Selbstverständnis und auch Selbstbewusstsein bei. Stolz kann aber auch zu Starre und Veränderungsresistenz führen. Eine Managerin hat in der Rückschau auf eine Umstrukturierung resümiert: »Der Stolz hat einigen Mitarbeitern das Genick gebrochen.« Das starre Genick ist der physische Ausdruck für eine starre Geisteshaltung. Stolze Menschen werden in Abbildungen mit erhobenem Kinn und in den Himmel gestreckter Nase gezeigt. Der Kopf ist in den Nacken gepresst, nicht gewillt, sich nach links und nach rechts zu wenden. Weder Umsicht noch Rücksicht noch Vorsicht noch Voraussicht sind möglich. Dieser Hochmut resultiert aus einer Anmaßung: es besser zu wissen. Wohin dies führen kann, zeigt das Beispiel einer Heimleiterin in der Behindertenhilfe. Sie hat in ihrer Organisation als Vorreiterin für neue Wohnkonzepte gegolten und viel erreicht. Schritt für Schritt jedoch hat sie ihre Mitarbeiter abgehängt und den Kontakt verloren. Wen sollte sie auch einbeziehen? Keiner konnte ihr das Wasser reichen, so dachte sie. Der Stolz auf ihr eigenes Fachwissen hat sie blind dafür gemacht, dass sie als Führungskraft die Mitarbeiter zu wenig qualifizierte und förderte. Die Folge war ein kontinuierlicher Abfall der Qualität und eine Zunahme der Fluktuation. Da trifft das alte Sprichwort zu: Hochmut kommt vor dem Fall.

Demut statt Hochmut
Aufgelöst werden kann der Hochmut nur durch sein Gegenstück, die Demut. In der Demut erkennt der Mensch, dass er auf andere angewiesen ist. Demut ist die Haltung der Dankbarkeit und der Zufriedenheit. Der Dankbare nimmt etwas von anderen an, weil er weiß, dass er sonst gar nicht existieren könnte. Kinder zum Beispiel sind Meister im Nehmen. Nehmen ist die Basis, um groß werden zu können. Wenn Mitarbeiter in einem Team nicht in der Lage sind, voneinander etwas anzunehmen, wenn Einzelne schon alles zu wissen scheinen, wenn Neues keinen Platz hat, dann kommt es zu Stagnation.

Der lateinische Begriff für Demut ist *humilitas*. Man erkennt darin das Wort Humus, der Erdboden. Hochmütigen Menschen fehlt es an Bodenhaftung. Der Humor entstammt derselben

Wortwurzel. Menschen, die mit beiden Beinen auf dem Boden stehen, zufriedene Menschen, haben keine Schwierigkeit, über sich selbst zu lachen, weil sie zu ihren Stärken und Schwächen stehen.

Sich einlassen

Demut ist ein großes Wort. In der Praxis kann es ganz einfach bedeuten, sich Hilfe zu holen. Wer sich an andere wendet, eröffnet einen positiven Kreislauf des Gebens und Nehmens. Wenn Menschen in einem regen Austausch stehen, dann kapselt sich keiner ab und keiner verharrt auf seinen Positionen. Die Fehlhaltung des Stolzes wird im Prozess des Sich-Einlassens, des Gebens und des Nehmens außer Kraft gesetzt. In Unternehmen kann man das gut daran erkennen, dass kaum Killerphrasen zu hören sind wie »So ein Blödsinn«, »Das hat doch schon beim letzten Mal nicht funktioniert«, »Die da oben haben doch keine Ahnung.« In einem intensiven Austauschprozess wird Veränderung konkret gelebt, weil einer den anderen beeinflussen und überzeugen kann. Abschottungstendenzen werden durchbrochen. Aus einem ichbezogenen Stolz kann eine Identifikation mit dem Wir entstehen. Der Rückzug hinter den Zaun der Selbstgefälligkeit wird gestoppt, und es entstehen konstruktive Beiträge.

Auf einer Führungskräfteveranstaltung war der Stolz ein Thema. Die Ausgangssituation war, dass es dem Unternehmen seit einiger Zeit nicht mehr gut ging. Insbesondere um die Zukunft eines der Produktionswerke war es nicht gut bestellt. Bei der einführenden Brandrede des Geschäftsführers fiel auf, dass ein Teil der Führungskräfte mit offenen Gesichtern zustimmte, ein anderer Teil aber blieb unbewegt, geradezu unbeteiligt. »Die einen schauen bei uns in die Zukunft, die anderen in die Vergangenheit«, kommentierte ein Teilnehmer in der Kaffeepause. Und er ergänzte: »Eigentlich waren immer alle stolz darauf, in dieser

Firma zu arbeiten. Wir müssten diesen Stolz wieder wecken und deutlich machen, was wir schon alles gestemmt haben. Die Leute müssen den Kopf wieder heben und mutig nach vorne schauen.« Stolz kann eben beides: einschränken und Kraft verleihen.

Den Neid umkehren –
das Seine finden, das Naheliegende tun

Aus dem Dämon des Neides entspringt eine Kultur des Jammerns und des Lamentierens: »In anderen Unternehmen ist alles besser«, »Andere Abteilungen werden bevorzugt«, »Andere bekommen bei geringerer Leistung mehr Gehalt«, »Wir sind die Verlierer der neuen Struktur«. Der Neid ist begleitet von einem Zwang des Sich-Vergleichens und einem Gefühl des Zu-Kurz-Kommens. Der Neid zerfrisst das Herz, heißt es. Wer neidisch ist, der lebt in Gram und Bitterkeit. Wer sich selbst leidtut und in der Opferrolle verharrt, gerät jedoch mehr und mehr ins Hintertreffen und stellt sich selbst ins Abseits.

Moderne Organisationen sind dynamisch und verteilen Chancen täglich neu. Doch die Fehlhaltung des Neides verstellt den Blick auf die eigenen Möglichkeiten durch ein Starren auf die Vorteile der anderen. Der Missgünstige sieht über die Gunst des Augenblicks und über vorhandene Handlungsalternativen hinweg. Erfolgreichen unterstellt er, besonderes Glück gehabt zu haben oder begünstigt worden zu sein. In der »Eifersucht« steckt der Begriff des Eifers. Wenn jemand seinen Eifer, seinen Ehrgeiz nicht auslebt, sondern stehen bleibt, dann fühlt er sich in seiner Ehre gekränkt. Dabei ist nicht zu übersehen: Wer mit dem Finger auf andere zeigt, der will von seinen eigenen Fehlern ablenken.

Mitarbeiter auf die Spur setzen

Die passive Anspruchshaltung ist das größte Gift in der Weiterentwicklung von Unternehmen. Veränderungsprozesse leben von Aktivität. »Hätte«, »wäre«, »sollte« – damit ist nichts anzufangen. Ans Ziel kann nur gelangen, wer den ersten Schritt tut und danach den nächsten. Der Dämon des Neides wird überwunden, wenn das Naheliegende getan und nicht das Fernliegende angestarrt wird; wenn das angepackt wird, was zu tun ist.

Ein erfolgreicher Unternehmer wurde einmal gefragt, wie er es denn schaffe, dass in seinen Betrieben nicht nur so viele neue Ideen entstehen, sondern dass diese sogar umgesetzt werden. Seine Antwort klingt lapidar: »Ich schiebe so lange mit an und fordere ein, bis die Mitarbeiter anbeißen.« Sobald Mitarbeiter Interesse entwickeln, arbeiten sie an der Sache und lamentieren nicht. Sie erleben, dass Erfolg nicht von außen zugetragen wird, sondern das Resultat von Engagement und zielorientiertem Arbeiten ist. Veränderung wird für viele erst greifbar, wenn sie aktiv an einem Projekt arbeiten. Erst wenn die Prioritäten klar gesetzt sind, wird es konkret. Studien haben gezeigt: Wenn Menschen zu viel auf einmal verändern möchten, geschieht überhaupt nichts. Wenn sich Raucher vornehmen, mit dem Rauchen aufzuhören, um dann gleich in die Marathonstrecke einzusteigen, dann ist der gute Vorsatz zum Scheitern verurteilt.

Immer wieder erzählen Führungskräfte davon, dass aus einem schwierigen Mitarbeiter ein Leistungsträger wurde, als er in die Verantwortung genommen wurde. Der einstige Querulant zeigt plötzlich Feingefühl bei Problemlösungen und im Umgang mit Mitarbeitern und Kollegen. Wenn Mitarbeiter ihren Ansatzpunkt, ihre Erfolgsspur finden, dann vergleichen sie sich nicht mit anderen, sondern messen sich am eigenen Beitrag. Wer das Seine gefunden hat, hört auf, sich zu vergleichen und andere zu beneiden. Wenn alle im Team erfolgreich sind, fallen viele

Widerstände und auch das Ellenbogengehabe weg. Und das muss auch das Ziel sein.

Den Zorn umkehren – großzügig mit sich und anderen umgehen

Wenn Kinder richtig zornig sind, schreien sie, schimpfen, klagen und stampfen mit dem Fuß auf den Boden. Der Grund für ihren Zorn ist, dass etwas nicht nach ihrem Willen und nach ihren Vorstellungen läuft. Der Zorn ist gekoppelt an einen Anspruch, an ein ganz bestimmtes Bild, wie etwas zu funktionieren hat. Und der Zorn wäre kein Zorn, sondern vielleicht nur eine Verstimmung oder eine Kritik, wäre er nicht an ein Streben nach Vollkommenheit gebunden; sieht man vom krankhaften Jähzorn einmal ab. Etwas muss genau so werden, wie man es sich in den Kopf gesetzt hat, und nicht anders. Für Unternehmen ist dieser Antrieb einerseits von Vorteil, weil dadurch ambitionierte Ziele entstehen und ein hohes Maß an Korrektheit, andererseits hat ein verbissener Perfektionismus viele Nachteile. Die Vielfalt geht verloren, wenn nur ein Weg, ein bestimmter Arbeitsstil, ein Lösungsansatz infrage kommen. Vollkommenheit ist eine Illusion, weil Menschen nicht vollkommen sind, weil sich Vorzeichen ändern, weil – wie es so schön heißt – viele Wege nach Rom führen. Wer um jeden Preis perfekt sein will, der endet nicht selten in Verbissenheit. Mit Verbissenheit jedoch verliert man die anderen, weil ganz einfach die Leichtigkeit fehlt.

Besonnenheit statt Perfektion
Anschaulich wird dies im Beispiel eines Managers, den ein Mitarbeiter so beschreibt: »Auf dem Schreibtisch von Herrn L. türmen sich Akten, Rechnungen, Anträge, Dossiers. Alles will er selbst durchsehen und flippt aus, wenn etwas nicht nach sei-

nem Plan läuft. Der Flaschenhals in unserem Unternehmen wird täglich enger, weil L. nicht mehr durchkommt und Entscheidungen nicht getroffen werden.« Wenn Führungskräfte die Welt komplett nach den eigenen Prinzipien ordnen und alles kontrollieren möchten, werden sie nicht mehr fertig. »Ich kann nicht alles kontrollieren, das ist vollkommen unmöglich«, weiß dagegen der Gründer eines dreihundert Mitarbeiter starken IT-Unternehmens. »Mir ist irgendwann aufgefallen, dass eigentlich nie etwas genau so umgesetzt wurde, wie ich es angeordnet habe. Erst hat mich das gewurmt. Aber ich habe erkannt, dass es auch nicht schlecht erledigt wurde; halt anders. Ich bin deshalb dazu übergegangen, Entscheidungsabläufe zu öffnen. Wir laden jetzt Mitarbeiter in Sitzungen des Managementteams ein, damit sie die Zusammenhänge mitbekommen, und wir nehmen uns Zeit, um Grundsätzliches zusammen mit den Mitarbeitern zu besprechen. Ich würde es nie wieder anders machen. Die Projekte laufen schneller und besser als vorher, weil die Teams die Steuerung selbst übernommen haben. Ein einzelnes Gehirn ist nie so intelligent wie mehrere Gehirne. Ich habe für mich gelernt: Was ich früher als richtig und vollkommen angesehen habe, war total begrenzt und hat mein Unternehmen begrenzt.«

Der Manager im ersten Beispiel ist gewissenhaft, er will alles im Griff haben. Er hat sein Leben und sich selbst der Arbeit untergeordnet. Im Gewissen sitzen die verinnerlichten Normen, die antreiben und rufen: Du musst, du musst. Er schenkt sich nichts und versucht, immer sein Bestes zu geben. Aus seiner Sicht heraus können es die anderen einfach nicht richtig, er muss es selbst machen. Er schuftet und schwitzt. Es macht ihn zornig, wenn Anträge unvollständig sind. Er ärgert sich, wenn er um acht Uhr abends allein im Büro sitzt und es noch so viel zu tun gibt.

Im zweiten Beispiel wurde ein Ausweg gefunden: loslassen,

das Leben mit mehr Leichtigkeit angehen; aufgeschlossener sein und sich auch einmal mit einem nicht ganz perfekten Ansatz begnügen.

Im Zorn liegt Kraft, Zorn ist Wille, Durchschlagskraft, Lebenskraft. Wer zornig ist, ist nicht lasch und lahm, sondern will etwas durchsetzen. Das Engagement der Menschen kann aber nicht erzwungen werden, sondern erwächst aus einem besonnenen Umgang miteinander. Die Wüstenväter halten sich dabei an einen alten Text: »Die Sonne soll über eurem Zorn nicht untergehen.« Der Satz besagt zum einen: Noch bevor die Sonne untergeht, also bevor der Tag zu Ende ist, soll der Zorn beseitigt sein. Aber auch: Der Zorn verdunkelt den Geist. Ohne Wärme und Licht wächst jedoch nichts. Erst in der Besonnenheit und in der Gelassenheit kommt die Kraft der Sonne durch. Das Wort »besonnen« kommt von »bei Sinnen« sein. Das Gegenteil davon ist die Besinnungslosigkeit. Wer vor lauter Wut und Zorn die Besinnung verliert, der kann in dieser emotionalen Lage nicht sehr weit blicken und wird zu vorschnellen und unüberlegten Entscheidungen und Handlungen neigen.

Besonnenheit beruht auf Selbstbeherrschung und Selbstführung. Wer andere zu führen hat, muss erst einmal sich selbst führen können; sich strukturieren und mit seinen Emotionen fertig werden. Wer aber regelmäßig seine Beherrschung verliert, der verliert leicht den Respekt der anderen.

Der Dämon des Zornes heftet Menschen an das »Ich« und an das »Muss«. Die Umkehr wäre das »Du« und das »Darf«, das Abstandgewinnen, das Einbeziehen und Öffnen. Der ehemalige Tennisspieler Charly Steeb kommt in der Rückschau auf seine Profikarriere zu folgendem Schluss: »Für den Sprung nach ganz oben hat mir das letzte Stück gefehlt. Ich wollte dieses Stück erzwingen, aber genau das war mein Fehler.« Der Ausdruck »Du darfst« richtet sich an einen selbst und an andere: Du darfst auch einmal einen Ball verschlagen. Der andere darf etwas in seiner unorthodoxen Art erledigen. Das hat auch etwas mit Großzügigkeit zu tun.

Die Trägheit umkehren – Ressourcen ausschöpfen

Die Physik kennt das Gesetz der Trägheit. Ein Ozeandampfer ist schwer in Bewegung zu setzen. Hat er einmal Fahrt aufgenommen, so kann die Richtung nur langsam verändert werden. Viele Unternehmen bewegen sich wie große Ozeandampfer. Schnelle Anpassungen an geänderte Umweltbedingungen sind kaum zu machen – eine fatale Eigenschaft in einer Zeit, da Wendigkeit und Veränderungsfähigkeit zu einem Überlebensfaktor geworden sind. Für die Wüstenväter ist der Mittagsdämon, die Trägheit, die schwerste Krise des Geistes. Es fehlt der Elan. Alles ist schwer. Der Geist schweift ab, kann sich nicht fokussieren. »Wird jetzt schon wieder alles anders, muss ich mich schon wieder umstellen?«, beschweren sich Mitarbeiter. Alles ist schwer und beschwerlich.

Die Strategie der Trägheit ist das Ausweichen. Wenn man allen recht gibt, braucht man sich nicht anzustrengen und muss nicht dagegenhalten. So einfach ist das. Man bewegt sich im Kielwasser, läuft mit und muss keine eigenen Impulse setzen. Wer Konflikte meidet, der braucht auch keine Energie aufzuwenden, um seinen Standpunkt durchzusetzen. Man ist der »good guy« und halst sich keine Schwierigkeiten auf. Der Phlegmatiker, der Faule geht gerne auch faule Kompromisse ein. Er sucht den Konsens um jeden Preis, denn Widerstand zu leisten kann furchtbar anstrengend sein.

Doch die Harmoniesucht hindert Unternehmen am Weiterkommen. Ein Team, das konträre Ansichten nicht ausficht, tritt auf der Stelle. Der Dämon der Trägheit treibt sein Unwesen, indem er eine Streitkultur gar nicht erst aufkommen lässt. Er verhindert sie, wo er nur kann: »Es ist doch gar nicht wert, sich darüber aufzuregen« oder »Wir haben doch noch immer die Kurve gekriegt«. Aussitzen und Ertragen wird dem offenen Argumentieren und Streiten vorgezogen. Ein Beispiel dazu: Auf einem mittelständischen Unternehmen mit einer achtzigjährigen Geschichte lastet, ausgelöst durch Kostenprobleme, ein hoher Veränderungsdruck. Bei der eigens dazu anberaumten Managementkonferenz geht es jedoch sehr ruhig zu. Die Einführungsreden erhalten moderaten Applaus, die Teilnehmer betreiben in den Pausen Small Talk. »Da herrschte mal wieder die bei uns so geliebte Friedhöflichkeit«, ist später zu hören. Doch bei einer Podiumsdiskussion ändert sich plötzlich die Atmosphäre. Dem Moderator sind die Beschwichtigungsformeln und Durchhalteparolen einfach zu bunt geworden. Er konfrontiert die Diskutanten mit kritischen Fragen, fordert heraus und lässt nicht locker. Alle spüren: Jetzt bricht die Kruste auf. Argumente, Emotionen – all das, was unter dem Deckmäntelchen der Harmonie gefangen war, gelangt an die Oberfläche. »Endlich kommt etwas heraus«, resümiert ein Teilnehmer, »wir brauchen jetzt die Auseinandersetzung. Ansonsten verschlafen wir die Veränderung und der Zug fährt ohne uns ab.«

Herausfordern!
Wie kann eine Lähmung aufgebrochen werden? Was kann den Einzelnen dazu bringen, Farbe zu bekennen? Wie kann aus einem Rückzug ein Vormarsch werden? Die Antwort lautet: Es braucht Herausforderer, Menschen, die konfrontieren und sich nicht scheuen, andere aus der Reserve zu locken. Der Mantel des Schweigens muss gelüftet werden. Ein Seminarteilnehmer hat einmal gesagt: »Die Kultur in meinem Unternehmen hat mich gelehrt, dass Streit nicht zwangsweise zum Zerwürfnis führt. Das habe ich bisher nicht gekannt und ich hatte es, ehrlich gesagt, auch nicht für möglich gehalten.«

Der Begriff der Aggression ist negativ besetzt. Die lateinische Wortwurzel *aggredi* heißt, an etwas herangehen, angreifen. Etwas in Angriff zu nehmen und Hand anzulegen ist das Gegenteil von Trägheit. Eine gewisse Portion Aggressivität und Angriffslust richtet sich nicht gegen das Leben, sondern dient dem Leben. Nicht in der Anpassung, sondern im autonomen und eigensinnigen Handeln schöpfen Menschen ihre Ressourcen aus. Mitarbeiter wachsen, wenn ihnen anspruchsvolle Aufgaben übertragen werden, die sie nur schaffen, wenn sie all ihre Kräfte mobilisieren. Unterforderung macht träge. Menschen dazu herauszufordern, dass sie ihre Meinung sagen und ihr Können unter Beweis stellen, ist eine wichtige Aufgabe von Führungskräften.

Den Geiz umkehren – eine Kultur des Gebens

Denkt man an Geiz, taucht spontan das Bild von jemandem auf, der sein Geld und seine Sachen hortet und nichts ausgibt; an einen, der des Nachts in den Keller schleicht, die Golddukaten streichelt und tagsüber knausert und sich und anderen nichts gönnt. Im betrieblichen Kontext wirkt der Dämon des Geizes in Form eines knauserigen Umgangs mit Wissen und mit eigenen Lösungsbeiträgen. Der Geizige lässt so wenig wie möglich heraus. Er hütet seine Wissensbestände wie einen Heiligen Gral. »Ach wie gut, dass niemand weiß, dass ich Rumpelstilzchen heiß'.« Im Märchen ist der Wissende, der aus Stroh Gold machen kann, eine verschlagene, verschrumpelte Gestalt. Wissen verleiht Macht. Wer Wissen hortet und nicht weitergibt, macht andere von sich abhängig. Wer sein Wissen festhält, wird scheinbar unverzichtbar. Gerade in Umbruchzeiten sehen manche Mitarbeiter darin die einzige Überlebenschance für sich.

Unternehmen geht aber viel verloren, wenn gute Gedanken und wertvolle Erfahrungen nicht weitergegeben werden. Der

Dämon des Geizes verleitet Menschen zu Rückzug und Zweifel. Typische Ausweichmanöver sind an Aussagen abzulesen wie »Das ist doch nicht durchdacht« oder »Das ist viel zu riskant«. Solche Bedenken können bis zu einem bestimmten Grade berechtigt und sinnvoll sein, sie bremsen aber auch.

Sich mitteilen!

Wer Wissen nur anhäuft, der gelangt nicht zur Umsetzung. Wer nicht vom Denken zum Tun, vom Wiegen zum Biegen, vom Stehen zum Gehen kommt, der baut mit seinen Gedankengebäuden eine Mauer auf und verschanzt sich dahinter.

Die erlösende Umkehr des Geizes besteht deshalb im Abgeben, im Aushändigen, im Mitteilen. Sich mitzuteilen heißt, mit anderen etwas zu teilen, Wissen zu teilen und dadurch zu vermehren. Der Dämon des Geizes verhindert das freimütige Geben und beraubt die Menschen des vitalen Wissensaustauschs, der gegenseitigen Befruchtung und des Miteinander-Lernens. Auch diese Fehlhaltung kann überwunden werden. Nämlich dann, wenn Wissen offen weitergegeben wird und ein gemeinsamer Wissensaufbau erfolgt; dann, wenn die praktische Anwendung und das Ausprobieren und nicht das Aufbewahren von Ideen den Ton angeben. In einer Kultur des Austausches und des Gebens wird allen klar vor Augen geführt, dass das Aufsparen von Wissen, Fähigkeiten und Erfahrungen dem gemeinsamen Vorankommen schadet, dass der Geiz ein Team erstickt und dass im Gegenzug die Weitergabe von Wissen jeden Einzelnen bereichert.

Die Maßlosigkeit umkehren – nüchtern nach vorne gehen

Manche Menschen bekommen nie genug. Als Überlebenstrieb ist das ja sinnvoll, weil damit der ständige Antrieb verbunden ist, neue Nahrungsquellen aufzutun. Übersetzt auf die Wirtschaft kann das ein ausgesprochen nützliches Akquiseverhalten sein. Andererseits: Wer sich überfrisst, dem wird schlecht und der kann nicht gut schlafen. Völlerei ist ungesund. Die Gier ist wie ein Fass ohne Boden. Die Steigerung und Vervielfachung von Erlebnissen, Reizen und materiellen Gütern schaffen eben keine Zufriedenheit, sondern immer noch mehr Hunger.

Die Maßlosigkeit ist auch ein unternehmerisches Laster. Wer Gewinne verschlingt und nicht reinvestiert, gräbt einem Unternehmen das Wasser ab. Ein gewisser Erfolgshunger ist zwar unabdingbar, aber wenn dieser zur Gier ausartet, entsteht eine Blindheit für das, was dem Menschen guttut und was zu viel ist. Dann wundert es nicht, wenn im Rausch des Raffens ernst zu nehmende Probleme übersehen werden. Dieses Phänomen kann gut am Beispiel eines Unternehmensgründers beobachtet werden. Mit einer schier unbegrenzten Arbeitskraft, mit Charme und Witz überzeugt er Kunden und erzeugt eine schnell wachsende Nachfrage. Der Chef ist in einer permanenten Champagnerlaune, doch das Start-up-Unternehmen gerät bald in Schwierigkeiten. In seinem Überschwang, so kann man es sich bildlich vorstellen, füllt der Unternehmer den Bauch des Unternehmens. Ist doch gut, würde man sagen. Ohne Aufträge geht doch nichts. Was der Mann aber nicht beachtet, ist die Organisation selbst, sozusagen das Bauchweh, das entsteht, weil die internen Abläufe dem Wachstum nicht angepasst werden. Das Wachstum eines Unternehmens geht nur gut, wenn die Organisation mitwächst. Viele Unternehmen haben damit Schwierigkeiten. Häufig kommt es vor, dass die »Urkultur« und die »Neuen« zwei Fraktionen bilden und nicht zusammenwachsen.

Man unterschätzt, dass Organisationen anders funktionieren, wenn sie größer und komplexer werden. »Früher ging fast alles auf Zuruf, heute häufen sich die Formalien und die E-Mails« – so hat ein Mitarbeiter dieses Phänomen beschrieben. Es werden aber auch die notwendigen Teamprozesse unterschätzt, das Kennenlernen und das Zusammenwachsen der Mitarbeiter. Die vielen Aufträge nutzen am Ende nichts, wenn sie, um im Bild zu bleiben, nicht verdaut werden können. Schnell zeigt das Unternehmen dann Anzeichen, sich zu übergeben: Mitarbeiter wandern ab, Führungskräfte werden krank, dem Kunden wird ganz übel, weil die Qualität nicht stimmt.

Vom Überschwang zu Verantwortung und Ehrfurcht
Die Wüstenväter raten zu einer Nüchternheit des Geistes und zur Selbstbeherrschung. Denn wer im Übermaß lebt, stumpft ab, wird gleichgültig und gelangt zu keiner echten inneren Fülle. Fülle erlebt ein Unternehmen etwa, wenn Ziele tatsächlich erreicht werden. Dazu müssen diese realistisch sein. Es nützt ja nichts, zu überdrehen und das Unangenehme auszublenden. Oft ist folgendes Dilemma zu beobachten: Manager setzen die Ziele etwas höher an, als wirklich erreichbar ist. Sie erhoffen sich dadurch einen Leistungsanreiz. Im Hinterkopf zählen sie vielleicht sogar darauf, dass der eine oder der andere das Unmögliche möglich macht. Doch nur wenige Mitarbeiter steigen darauf tatsächlich ein. Die meisten reagieren mit einer Abwehrhaltung. Sie sammeln Argumente, wieso die Ziele nicht erreichbar sind, oder erachten das Zielmanagement als nicht mehr wichtig. Die Unternehmensleitung hat möglicherweise Sorge, dass sich Selbstzufriedenheit einschleichen kann, und legt deshalb die Messlatte hoch. Auf der anderen Seite fühlen sich die Mitarbeiter bei diesem Spielchen nicht ernst genommen. Am Ende sind alle unzufrieden. Von außen betrachtet wirkt das dann wie Jammern auf hohem Niveau. Der erreichte

Stand ist gut, nur sieht es niemand mehr, weil das richtige Maß nicht gefunden wurde.

Bei Unternehmen in Umbruchsituationen ist die Gefahr der Hyperaktivität und des maßlosen Tuns besonders groß. Raserei aber führt nicht zum Ziel. Wer Neuland erschließen möchte, dem hilft es nicht weiter, wenn alle wie wild drauflosstürmen. Viel sinnvoller ist es, erst einmal die Landschaft zu erforschen, gründlich zu planen und die Steine aus dem Weg zu räumen. Nicht selten werden Umstrukturierungen nach wenigen Jahren wieder rückgängig gemacht, weil viel zu viel auf einmal angegangen wurde.

Der Dämon der Maßlosigkeit findet seine Umkehr deswegen in der Nüchternheit. In der kritischen Prüfung werden Optionen reduziert, denn Schnellschüsse sind selten effizient. Es werden weniger Aktionen angegangen, diese jedoch richtig. Die Effizienz steigt. Maßlosigkeit ist ein Fass ohne Boden. Es fehlt die Relation, die richtige Mengeneinschätzung zum Fassungsvermögen der vorhandenen Behälter, das heißt der personellen und materiellen Ressourcen. Was dabei fehlt, ist eine Ehrfurcht vor den Aufgaben. Wer seine Vorhaben mit Ehrfurcht angeht, der bedenkt den notwendigen Aufwand und überfährt niemanden, sondern nimmt Einwände ernst, stellt sich Rückschlägen und sucht nach einer Vorgehensweise, die der Sache und den Umständen gerecht wird. Ehrfurcht ist die Zustimmung zu den natürlichen Begrenzungen. Möglichkeiten sind begrenzt, Menschen sind begrenzt – und das ist richtig und gut so. Die Bäume wachsen nicht in den Himmel. Das Wahren der Grenzen und der Relationen vermittelt jeder Handlung einen heilsamen Rahmen.

Die Schamlosigkeit umkehren – andere respektieren und fördern

Wollust ist das ungebremste Ausleben der eigenen Sexualität. Das Objekt der Begierde ist eben Objekt und nicht Subjekt. Der Wollüstige holt sich das, wonach ihm ist. Unter einer Partnerschaft stellt man sich etwas anderes vor. Die Wollust ist jedoch nicht von Hause aus etwas nur Verwerfliches und Böses. Sie zeichnet sich aus durch eine hohe Vitalität, durch ein starkes Wollen, eine unbeirrbare Zielstrebigkeit. Mit Überzeugung, Leidenschaft und Instinkt erobert sie sich das, was sie zur Befriedigung der eigenen Bedürfnisse braucht.

Zielstrebigkeit, Leidenschaft und Siegermentalität – das sind Attribute des Erfolgs, und es sind auch Attribute von Führung. Wer Kraft und Stärke ausstrahlt, der imponiert, steckt andere an und kann Teams und Unternehmen mobilisieren. Dieses selbstbewusste Auftreten hat jedoch auch seine Schattenseiten. Es ist meist getrieben von einer egozentrischen Kampfkraft und funktioniert nur, solange sich die anderen unterordnen. Die Wollust geht dann direkt über in die Schamlosigkeit: Andere werden ausgenutzt. Die Schamlosigkeit hat eine fiese Mechanik. Der Schamlose verlangt nämlich von anderen etwas, woran er sich selbst nicht unbedingt hält. Viele starke Persönlichkeiten im Management unterliegen diesem Mechanismus. Fatalerweise meist sogar, ohne es selbst zu bemerken. Sie fordern vehement Disziplin und Pünktlichkeit, sind aber selbst die Ersten, die etwas verschludern oder zu spät kommen. Sie sprechen leidenschaftlich von Vertrauen und Wertschätzung, machen aber Mitarbeiter in einer Weise nieder, dass einem Hören und Sehen vergeht. Sie erstellen Regeln und Leitlinien, die für alle zu gelten haben, nur nicht für sie selbst.

Der Dämon der Wollust und der Schamlosigkeit stürzt Unternehmen in einen tiefen Zwiespalt. Da sind Menschen, die es zur Macht hinzieht und die die Macht auch tatkräftig in Machen umsetzen: Reformer, Veränderer, Kämpfer, die mit dem Schwert vorangehen, Schneisen schlagen, Durchbrüche erringen. Gegenschläge und Anfeindungen machen sie nur noch stärker. Gleichzeitig haben diese Heroen einen großen dunklen Fleck. Das Problem ist: Sie sehen nicht, was sie im Zwischenmenschlichen oft anrichten. Noch schlimmer: Es fehlt ihnen der Respekt für den Mitmenschen. Wie ein Ritter stecken sie in einer Rüstung und sind dadurch für die alltäglichen Kämpfe wohlpräpariert. Ihr Panzer macht sie aber auch unzugänglich für Selbstkritik und Feedback. Sie kontrollieren alles, doch wenn sich der Spiegel auf sie selbst richtet, schlagen sie dagegen. Sie verfolgen ungehemmt ihre Ziele und hören sich dabei immer nur selbst. Sie lassen nur die eigenen Argumente gelten. Sie lassen nur eine Wahrheit zu und das ist die eigene. Wer mit ihnen zieht, kann teilhaben an der Macht und an der Stärke. Wer dagegen ist, wird zermalmt. Sie setzen sich durch, sie zeigen es allen, sie sind unverschämt – und leider dadurch oft auch unverschämt erfolgreich.

Mit Herzenswärme kämpfen

Diese starken Führer finden ihre Gefolgschaft, Menschen, die sich von deren Kraft angezogen fühlen, weil sie sich selbst oft als schwächlich erleben. Es wenden sich aber auch viele ab. Mitarbeiter, die brüskiert wurden, die zum Schuldigen deklariert wurden und sich zurückziehen; Kollegen, die mit Dominanzverhalten nichts anfangen können und partnerschaftliches Arbeiten vermissen. Die Verlassenen verstehen das oft nicht. Aber die Wollust hat keine Lust, sich anzupassen, will verführen, nicht wirklich den anderen annehmen. Sie teilt die Welt in schwarz und weiß: gegen mich oder für mich. Doch ohne ein partnerschaftliches Verständnis von Zusammenarbeit ist ein modernes Arbeitssystem nicht möglich. Das Engagement eines Einzelnen kann zwar andere anstecken, es reicht jedoch nicht aus, um die vielfältigen Potenziale eines Unternehmens zu heben. Damit manövrieren sich Führungskräfte mit dieser Veranlagung selbst ins Abseits. Eine steile Erfolgskurve kann dann jäh abbrechen, weil die Loyalität der Mitarbeiter verloren geht und das Unternehmen die häufigen Alleingänge nicht mehr akzeptiert.

Die Tatkraft der Wollust, die Unerschrockenheit, die Leidenschaft kann aber auch sehr gewinnbringend für alle wirken. Die Voraussetzung dafür ist ein tiefer Respekt vor den Mitmenschen. Die Erfolgsformel heißt dann: Dienen statt Herrschen! Der Verführer hat ein Talent, das für Teams Gold wert ist. Mit seinem unbeirrbaren Instinkt erkennt er sehr schnell die Stärken und Schwächen anderer Menschen. In der Haltung des Dienenden verzichtet er jedoch auf eine Machtdarstellung und stellt sich selbst in den Dienst der anderen. Wie kein anderer kann er Menschen an ihre eigenen Wirkmöglichkeiten heranführen. Das ist sein eigentliches Führungscharisma.

Der Geschäftsführer einer großen Behinderteneinrichtung ist einen solchen persönlichen Entwicklungsweg gegangen. Als echtes »Alpha-Männchen« hatte er in seinen beruflichen Stationen oft genug gezeigt, dass er sich durchsetzen und andere dominieren kann. Doch die Arbeit mit den behinderten Menschen hat bei ihm etwas verändert. Sein »Fürsorge-Gen« wurde wachgerufen. Endlich konnte er seine Kraft für etwas einsetzen, das sein Herz erwärmte. Die Herzenswärme macht aus dem Herrscher einen Beschützer und einen großartigen Verbündeten für die gute Sache.

Die Väter der Wüste haben ihre eigenen Schlussfolgerungen aus dem Kampf gegen die Dämonen gezogen. Dem Geiz stellen sie die Armut entgegen; dem Hochmut die Demut; der Wollust die Keuschheit; dem Neid die Nächstenliebe; der Völlerei die Abstinenz; dem Zorn die Sanftmut und der Trägheit den Eifer.

Welche Dämonen überfallen Sie? Jede Fehlhaltung kann entweder zu einer Verwicklung, zu inneren Abgründen oder zu einer Weiterentwicklung der eigenen Persönlichkeit führen. Der beste Gradmesser dafür, ob man sich nun verrennt oder ob man persönlich weiterkommt, sind andere Menschen. Achten Sie darauf. Mitmenschen reagieren auf Rückzug, auf Dominanz, auf Übertreibung. Nehmen Sie diese Reaktionen ernst und nehmen Sie sie zum Anlass, um Ihre innere Haltung neu auszurichten und umzukehren. Die Umkehr ist wie eine Gegenbewegung zu einer Fehlhaltung. So findet der Gehetzte Erlösung in der Distanz und der Ruhe, der Zurückgezogene im Zusammensein mit anderen, der Träge in der Aktivität. Als Führungskraft können Sie mit der Weisheit der Wüstenväter auch die Dämonen der Mitarbeiter besser erkennen und ihnen etwas entgegensetzen. Stolz, Neid, Zorn, Geiz, Trägheit, Völlerei, Wollust – in den Todsünden finden Sie Hinweise auf etwas, was Menschen gefangen hält und was sie umtreibt. Wenn Sie einen Blick dafür haben und darauf reagieren, können Sie anderen helfen, aus einer Vereinseitigung wieder herauszukommen und sich den Menschen und den Aufgaben neu zuzuwenden.

8. Führungsbildern folgen

Was gute Führung sein kann und wie man sich diese vorstellen kann, wird in den Fürstenspiegeln in archetypische Bilder gefasst; Führungsfiguren, die bei existenziellen Fragen des menschlichen Daseins und Überlebens ansetzen.

Als Urbild des Führenden findet sich schon bei Homer der *Hirte*, der die Herde leitet und beschützt. Platon setzt der Hirtenmetapher, der Idee vom Herrscher als Hüter der menschlichen Herde, das Leitbild des Pädagogen und *Lehrers* entgegen. Der Lehrer knüpft an die Eigenverantwortlichkeit des Menschen an. Er führt, indem er ein gutes Beispiel abgibt. Seneca unterscheidet dabei den marternden vom mahnenden Lehrer. Strafen und Marter, körperliche oder psychische Schläge machen den Menschen für Seneca scheu und verstockt. Führung und Erziehung ohne Respekt und Einfühlungsvermögen gehen schief. Autoritäres Handeln ist mehr das Ergebnis von Hilflosigkeit als von Stärke. Das kann jeder bei sich selbst beobachten: Autoritär wird man dann, wenn man sich nicht mehr anders zu helfen weiß und wenn einem die Situation über den Kopf wächst. Dann ergreift man den Machthebel und macht kurzen Prozess. Würde man in so einer Situation eine natürliche Autorität ausstrahlen, müsste man gar nicht grob werden, weil andere ganz von sich aus auf einen hören. Mit dem Laisser-faire-Stil ist es nicht viel besser. Genau genommen verhält sich ein Erzieher, der alles laufen lässt, den Menschen gegenüber gleichgültig. Das ist verantwortungslos und respektlos. Dagegen zeugt das richtige Maß aus Mahnung und Strenge von einem hohen Engagement und von echter Wertschätzung. Grenzen zu setzen, richtig und falsch klarzustellen, einen Maßstab anzulegen, das sind die Tugenden eines *strengen Meisters*, der den Auszubildenden etwas beibringen und mitgeben möchte. Der »entschlossene Ernst des Meisters« ist für Benedikt von Nursia ebenso wichtig wie die »liebevolle Güte des Vaters«. Oder mit anderen Worten: Qualitäten wie Disziplin, Ermutigung, Nachsicht und Liebe widersprechen sich nicht, sondern ergänzen sich, wenn es darum geht, Menschen bei der Persönlichkeitsbildung zu begleiten. Der Archetyp des *Vaters* vereint Sorge und Orientierung, Förderung und Forderung, Schutz und Mahnung.

Seneca geht bei seinen Überlegungen sehr stark von der Empfindlichkeit und der Gebrechlichkeit des menschlichen Wesens aus. Der Mensch ist nicht böse, aber schwach und kränklich. Als *Arzt* kümmert sich der Führende um die Gesundheit seiner Mitarbeiter, wenn der Druck steigt, weil Absatzzahlen hochschießen oder auch nachlassen, wenn die Angst um Arbeitsplatzverlust um sich greift. Das Bild des Arztes sagt aus: Von einer Führungskraft soll etwas Heilendes ausgehen. Es soll nicht in den Schwächen, in den Lastern und Wunden der Mitarbeiter herumgerührt werden, sondern Führung soll der Seele guttun. Benedikt nimmt das Bild des Arztes in seiner Klosterregel auf und spricht vom *weisen Arzt*, der mit seinem Rat die Seele heilt.

Die Archetypen vermitteln ein ausgeprägtes Profil des Führenden. Er soll ausrichten, aufrichten, in Bewegung setzen. Führen berührt archaische Schichten des Menschen: Ängste, Hoffnungen, Bedürfnisse, Blockaden, Sehnsüchte. Eine differenzierte Betrachtung der Führungsbilder kann Führungskräfte in die Lage versetzen, besser mit diesen Aspekten umzugehen und auf sie einzugehen.

Der strenge Meister und Lehrer

Das Führungsbild des Meisters und Lehrers stellt die konkrete Wertschöpfung in den Mittelpunkt des Führungsprozesses. Mitarbeiter schätzen es, wenn Führungskräfte nicht bloß ökonomische Ergebnisse interessieren, sondern mit ihnen über fachliche Probleme sprechen und verstehen, worum es geht. Das Meisterbild ist heute immer noch geprägt von der mittelalterlichen Handwerkszunft. Der Handwerksmeister ist die fachliche Autorität, der Anleiter und Ausbilder. In seiner Werkstatt ist er das Maß aller Dinge. Er setzt die Maßstäbe und definiert die Qualität. Der Meister ist in der Sache hart. Keinen Millimeter weicht er von seinem Qualitätsverständnis ab. Zur Qualität zählen aber nicht nur die Produktqualität und einwandfreie Abläufe, sondern auch das Verhalten. Wenn die Mitarbeiter keine Einstellung zu ihrer Arbeit finden, wie soll da ein hochwertiges Produkt entstehen können? Wenn der Meister Lob und Tadel ausspricht, dann holt er nicht aus, sondern macht sein Urteil direkt an der Arbeitsqualität fest: »hervorragende Oberflächenbehandlung«, »leichte Mängel in den konstruktiven Teilen«, »Note eins in Termintreue«. In der Strenge des Meisters steckt eine hohe Transparenz und Berechenbarkeit. Das, was verlangt wird, wird ausgesprochen. Die Messlatte ist für jeden sichtbar. Der Meister schaut und prüft genau, denn oft machen die Kleinigkeiten den Unterschied. Dazu ein Praxisbeispiel: Der Leiter eines Altenstifts achtet darauf, dass beim Mittagessen Servietten aufgelegt werden. Wie ein Oberkellner in einem feinen Restaurant begutachtet er, wie der Tisch für die alten Menschen gedeckt wird. »An solchen Details zeigt sich«, so der Stiftsleiter, »ob wir einen Wert wie ›Respekt‹ wirklich leben. Dasselbe gilt, wenn Pflegekräfte in das Zimmer eines Bewohners eintreten. Wird vorher geklopft? Wird beim Aufräumen der Lieblingssender der Altenpflegerin im Radio angemacht oder wird das Zimmer als privater Wohnraum respektiert? Das sind die Alltagssituationen, in denen sich entscheidet, ob wir ein mittelmäßiges oder ein besonders gutes Haus sind.«

Es kann sehr hilfreich sein, ein Unternehmen im Bild des Handwerksmeisters einmal als Werkstatt zu betrachten. Dann wird nämlich eines deutlich: Das Werkstück, der Auftrag, das Konzept, der fachliche Diskurs stehen im Zentrum des Geschehens. Alles andere hat dienende Funktion. Doch das Bild der Werkstatt sagt noch mehr über das Verständnis einer effizienten Organisation aus. Die gesellige Werkstatt steht im Mittelalter für ein Konzept des kollektiven Gestaltens. Der Soziologe Richard Sennett nennt in seinem Buch ›Handwerk‹ dafür den Bau der Kathedrale von Salisbury als Beispiel. Der Bau des gigantischen Gebäudes dauerte von 1220 bis 1280. Es gab keinen einzelnen Architekten. Die Bauleute hatten auch keine Baupläne. Das Grundmuster, mit dem der Bau begann, wurde informell über die Generationen weitergegeben und umgesetzt. Betrachtet man eine Organisation als eine Werkstatt, als einen permanenten Gestaltungsprozess, dann werden zum Beispiel Konflikte nicht als ungeliebte Ausnahmezustände interpretiert, sondern als Zeichen für eine lebendige Organisationsentwicklung.

Eine Lernkultur in Gang setzen

Ein Handwerksmeister oder auch ein Meditationsmeister unterweist den Auszubildenden, den Schüler. Er führt in seine Kunst ein. Schrittweise gibt er sein Wissen weiter. Erst wenn das eine sitzt, kommt die nächste Lektion. In den älteren Handwerksberufen war es frühestens nach zwölf Jahren der Lehr- und Gesellenzeit möglich, sein Meisterstück herzustellen. Heute muss alles schnell gehen. Oft fehlt die gründliche Einweisung, die Hinführung, um ein Handwerk, ein Fachgebiet zu beherrschen. Auch in modernen Unternehmen ist vieles Handwerk: Konzepte erstellen, Projekte leiten, Präsentationen aufbereiten und halten, Kundenkontakte herstellen und pflegen; überhaupt: Produktwissen, spezifische Fertigkeiten und Feinheiten. Wenn die richtige Unterweisung fehlt, ist nicht zu erwarten, dass es gut läuft.

Der Meister steht auf der höchsten Stufe seiner Kunst. Der

Schüler will so gut werden wie der Meister. Deshalb tut er das, was ihm der Meister aufträgt, und lässt sich bereitwillig den letzten Schliff geben. Ein Lehrer geht etwas anders vor. Er bezieht den Schüler stärker in den Lernprozess mit ein. Führen heißt, Lernprozesse zu initiieren, die richtigen Fragen zu stellen, Mitarbeiter mit Herausforderungen zu konfrontieren. Ein guter Lehrer stellt die Aufgaben so, dass sie dem Leistungsstand des Schülers entsprechen, ihn aber auch an seine Grenzen heranführen. Er findet die Balance aus Zumutung und Begleitung und gibt Hilfe zur Selbsthilfe. Der Mitarbeiter kann sich in solch einem Rahmen gut ausprobieren und an den Aufgaben wachsen. Allerdings reicht es nicht aus, an der Hand genommen zu werden. Der Lernende muss sich durch Selbststudium, durch das Einbringen eigener Ideen und Lösungsvorschläge auch von sich aus beweisen. Zwei Fähigkeiten zeichnen einen Pädagogen in diesem Lernprozess aus. Erstens: Geduld; zweitens: das Bereitstellen einer angemessenen Lernumgebung und Lerngemeinschaft. Goethe spricht in diesem Zusammenhang in seinem Werk ›Wilhelm Meisters Lehrjahre‹ von einer »pädagogischen Provinz«; einer idealen Lernumwelt ohne störende Einflüsse und mit viel Bewegungsfreiheit. Ein Unternehmen setzt diesen Gedanken beispielsweise in regelmäßigen Kolloquien um. Ein oder zwei Mitarbeiter bereiten diese Lerneinheit vor und präsentieren Wissenswertes aus ihrem Fachgebiet. Die Idee der pädagogischen Provinz geht aber weiter. Denn Lernen findet vor allem im Alltag statt, im Alltagsgeschäft und in Projekten. Eine gute Lerngemeinschaft nutzt einzelne Situationen, um voneinander etwas abzuschauen und neue Anregungen von anderen zu erhalten.

In einem offenen Lernprozess ist der Lehrer selbst auch ein Lernender. Wenn Vorgesetzte Lust am Lernen versprühen, dann sorgen sie für ein gutes Lernklima. Aussagen einer Führungskraft wie »In dieser Diskussion ist mir ein Licht aufgegangen, ich habe etwas Neues dazugelernt« oder »Dieser Vortrag hat mir einen neuen Blickwinkel eröffnet« oder »Wenn wir uns im Team aneinander reiben, dann lerne ich selbst auch viel dazu« zeigen den Mitarbeitern, dass Lernen, die Erweiterung des Horizontes, nie aufhört und dass im gemeinsamen Lernen ständig etwas Neues und Besseres entstehen kann.

Ein guter Lehrer kann für ein Thema begeistern und gefangen nehmen. Dazu zählt auch: nicht langatmig zu sein und das Wesentliche auf den Punkt zu bringen; nicht abstrakt zu sein, sondern anschauliche Beispiele vorzubringen. Fragt man Kinder nach ihrem Lieblingsfach in der Schule, erzählen sie schnell von ihrem Lieblingslehrer. Die Begeisterung für ein Fach hängt von der Begeisterung für den Lehrer und von der Begeisterung des Lehrers ab.

Menschen formen

Menschen auszubilden und zu bilden ist mehr als die Aufbereitung und die Weitergabe von Fachwissen und Information. Menschen zu bilden heißt auch, sie zu formen. Eine Führungskraft erzählt: »Meine Hauptaufgabe sehe ich darin, am Charakter und am Auftreten der Mitarbeiter zu feilen. Es ist sehr erstaunlich, was man alles bewirken kann. Ich habe zum Beispiel einen Mitarbeiter, der hatte die Eigenheit, bei Gruppendiskussionen richtiggehend abzuschalten. Er saß dann da mit zusammengekniffenen Augen und rotem Kopf. Ich habe ihn einmal darauf angesprochen. In diesem Gespräch hat sich mir gezeigt, was da eigentlich los ist und dass es sich nicht um eine Antihaltung, sondern in gewissem Sinne um ein Art Blockade handelte. Der Mitarbeiter war im Grunde immer voll bei der Sache, aber er hat sich mit seinen eigenen Fragen im Kopf im Kreis gedreht. Als ich das erkannt hatte, haben wir beschlossen, er solle alle seine Fragen in Zukunft einfach aussprechen und in die Runde stellen. Es hat sich dann gezeigt, dass er sehr gute

und hilfreiche Fragen hat. Oft sind es solche kleinen Richtungs-
änderungen, die viel bewirken.« Die Geschäftsführerin eines
mittelständischen Betriebes war mit einer ganz anderen Proble-
matik konfrontiert. Obwohl der Betrieb gut lief, wurde aus ihrer
Sicht viel genörgelt und gejammert. Sie hatte es einfach satt.
Dieses passe nicht und jenes. Da hat sie eingegriffen und eine
eindeutige Parole ausgegeben: »Bei uns wird ab jetzt nicht mehr
gejammert. Punkt.« Es entsprach ganz ihrer persönlichen Überzeugung, dass Menschen mit negativen Gedanken sich selbst im
Wege stehen und andere herunterziehen. Offenbar hat sie dadurch so authentisch gewirkt, dass ihre Maxime tatsächlich be-
folgt wird. »Ich behaupte«, so das Zwischenfazit der Geschäftsführerin, »dass mittlerweile mehr als fünfzig Prozent unseres
Erfolges darauf zurückzuführen sind, dass Jammern tabu ist«.
»In jedem Nachteil liegen drei Vorteile«, verkündet sie. Und sie
übt diesen Denkansatz tagtäglich mit ihren Mitarbeitern: »Okay,
das ist nicht gut gelaufen. Welche drei Lerneffekte ziehen wir
daraus?« Die Chefin lebt selbst eine positive Einstellung vor.
Nur so kann ein solcher Feldzug gegen die Wehleidigkeit erfolgreich verlaufen. In Sachen Charakterbildung ist die Lehrmetho-
de Nummer eins: Beispiel geben. Tugenden wie Pünktlichkeit,
Freundlichkeit, Aufgeschlossenheit, Hilfsbereitschaft werden
dann gelebt, wenn sie vorgelebt werden. Charakterbildung bedeutet lehren in Wort und Tat. Das Medium ist die Botschaft.
Die Führungskraft selbst ist das Lernmodell.

Ein entschlossenes Team bilden
Der Auftrag des Lehrers geht über die Förderung des Einzelnen hinaus. Gute Lehrer haben den Klassenverband im Blick.
Sie verknüpfen Individualität und Gemeinschaftssinn. Wenn
Unternehmen der Gemeinschaftssinn abhanden kommt, verlieren sie ihre stärkste Kraftquelle. Der Coach der amerikanischen Basketballnationalmannschaft Mike Krzyzewski hatte

die Aufgabe, zwölf Superstars aus der NBA auf die Olympischen Spiele 2008 einzuschwören. Die Botschaft des Trainers an die Mannschaft war einfach: »Bringt alle eure Egos mit – das ist das, was euch auszeichnet; und lasst uns ein kollektives Ego daraus machen.« Die Mannschaft der Super-Egos, der Basketballmillionäre hat die Goldmedaille geholt. Ihre größte Stärke, so analysierten Fachleute später, war der Teamgeist. Nicht die persönliche Punkteausbeute stand im Vordergrund, sondern es wurde immer der am besten platzierte Mann gesucht.

Wenn sich gewachsene Strukturen in Veränderungsprozessen auflösen, geht oft auch der Gemeinschaftssinn verloren. Jeder versucht zuerst für sich allein wieder einen Platz zu finden. Im klassischen Schulsystem ist das recht ähnlich. Deshalb denkt ein guter Lehrer auch daran, wie er etwas für die Klassengemeinschaft machen kann. Wichtig sind ein eingeschworenes Team und Korpsgeist gerade dann, wenn Schwierigkeiten bei der Bearbeitung eines Auftrags auftreten und sich eine Gruppe durchkämpfen muss. Geschlossenheit und Entschlossenheit sind dann die wichtigsten Erfolgskriterien.

Der geistige Vater

Der Lehrer ist der institutionelle Erzieher. Er arbeitet mit Engagement und Einfühlungsvermögen, aber auch mit einer professionellen Distanz – anders als die Eltern. Sie sind mit ihren Kindern ganz und gar verbunden. Die Freude ihrer Kinder ist ihre Freude, und der Schmerz der Kinder ist ihr Schmerz. Der Vater vertritt – archetypisch betrachtet – die Familie nach außen, vertritt aber auch die Außenwelt, die Anforderungen der Welt nach innen und trägt sie den Kindern vor. In dieser Doppelnatur liebt er, fordert aber auch ein. Er schützt und fordert heraus. Eine Führungskraft als Vater gedacht steht in einer ständigen

Spannung aus Nähe und Distanz, aus Erwartung an den Mitarbeiter, aber andererseits auch der Offenheit für individuelle Wünsche. Wertschätzung und Kritik – beides spiegelt sich im Führungsbild des Vaters. Und Menschen brauchen tatsächlich auch beides: Zuspruch und Anspruch, Ausblick und Grenzen, Ermutigung und Mahnung.

Die Grundbotschaft eines guten Vaters ist: »Ich glaube an dich, in welche Richtung du auch gehst.« Menschen brauchen das Gefühl, dass jemand auf sie setzt. Sie brauchen die Ermutigung und die Rückenstärkung. Der wohlwollende Vater ist eine Kraftquelle. Wenn der Vorgesetzte hinter dem Mitarbeiter steht, dann kann sich dieser mit Schwung und Selbstvertrauen an die Arbeit machen.

Herzensschau
Einen guten Vater kann man ganz besonders an einer Eigenschaft erkennen: Er projiziert nicht seine eigenen Wünsche in das Kind hinein, sondern erkennt die Fähigkeiten und die Persönlichkeit des Kindes. In der abendländischen Denktradition wird in diesem Zusammenhang von der Unterscheidung der Geister oder – noch schöner – von der Herzensschau gesprochen. Wer einen anderen Menschen so hinbiegen will, wie er selbst sich das vorstellt, verbiegt diesen. Viel besser ist es, zu schauen, welche Anlagen eigentlich vorhanden ist. Das Schauen hat dabei eine besondere Qualität. Manchmal sind Eltern überrascht, wenn ihre Kinder plötzlich mit etwas aufwarten, was sie gar nicht erwartet haben; zum Beispiel das Mitwirken in einem Theaterstück oder soziales Engagement. Die Eltern hatten in der Vergangenheit zu wenig hingeschaut, was sich in ihrem Kind alles verbirgt, hatten auf manch Vordergründiges ihr Augenmerk gerichtet, die Schulnoten, den Haarschnitt, aber nicht darauf. Das Schauen ist eine unabdingbare Führungsfähigkeit: Mitarbeiter auf sich wirken lassen; beobachten, wie einer rea-

giert und an eine Sache herangeht. Die Herzensschau ist nicht der kühle Röntgenblick, der nur begutachtet, ob etwas auch korrekt gemacht wird. Die Herzensschau kommt von Herzen und schaut ins Herz. Sie ist der wohlwollende Blick auf das Besondere im anderen, auf Talente und Potenziale. Ein junger und erfolgreicher Geschäftsführer berichtet dazu: »Ich war in meinem Leben, wie man so schön sagt, auf dem absteigenden Ast. Die Schule war nicht meins und in der Arbeit bin ich überall angeeckt. Eigentlich hatte ich nur Fußballspielen im Sinn, da habe ich alles gegeben. Doch der Unternehmensleiter hat das Alpha-Männchen in mir erkannt und mich gefördert. Er hatte recht. Ich bin ein Alpha-Männchen und ich glaube sogar, dass ich als Manager und Führungskraft geboren bin. Ich brauche es, Verantwortung zu übernehmen. Doch wäre ich nicht so unterstützt worden, wer weiß, wo ich gelandet wäre. Jetzt kann ich zum Glück vieles zurückgeben.«

Ein weiteres Beispiel: Ein Unternehmer hat sich bei der Unternehmensübergabe seine eigenen Gedanken über seine beiden Söhne gemacht. Schon Jahre vor der tatsächlichen Übergabe hat er sich geschworen: »Ich werde auf keinen Fall etwas erzwingen. Wenn die Jungs nicht machen, was zu ihnen passt, dann taugt das nichts. Unternehmer kannst du nicht auf Ansage sein.« In diesem freien Findungsprozess hat sich dann herauskristallisiert, dass ein Sohn das Geschäft weiterführen möchte. Den Freiraum, den ihm der Vater gegeben hat, hat er genutzt, um das Unternehmen komplett umzubauen; um sein eigenes Unternehmen zu bauen. Aus einem klassischen Bauunternehmen wurde auf diese Weise ein Spezialanbieter für Niedrigenergiehäuser. Der zweite Sohn hat etwas ganz anderes gemacht. Er ist Publizist geworden. Dem Publikum erzählt er bei Vorträgen und Lesungen von seiner Abstammung und stellt sich als Baumeister von Gedanken und Sätzen vor. Der Vater hat es fertiggebracht, dass sich seine Söhne eine eigene Identität aufbauen konnten, gerade weil sie sich mit ihrer Herkunft identifiziert haben. Sein Erfolgsgeheimnis ist: Er hat losgelassen.

Fürsorge und Zurechtweisung

Ein wesentliches Merkmal eines guten Vaters ist: Er ist für seine Kinder da. Er ist ansprechbar, wenn diese etwas umtreibt. Ein Manager und Vater von fünf Kindern erzählt stolz: »Obwohl mich das Geschäft stark fordert, lege ich großen Wert darauf, eng an meinen Kindern dran zu sein. Ich kenne die wichtigsten Themen aller meiner Kinder. Auch wenn ich viel unterwegs bin, verliere ich nie den Kontakt, zum Fünfjährigen nicht und zur Fünfzehnjährigen erst recht nicht. Dasselbe gilt für meine Mitarbeiter. Ich weiß von jedem, woran er gerade beißt und wie er unterwegs ist.« Fürsorge bedeutet, für jemanden da zu sein. Eine erfahrene Führungskraft weiß: »Mir sind nicht alle Mitarbeiter gleich sympathisch und mein Verhältnis zu jedem Einzelnen ist sehr unterschiedlich. Aber eines ist mir über die Jahre klar geworden: Ich bin für alle da, und darin kann ich keinen bevorzugen oder benachteiligen. Das wäre der größte Fehler.« Wie wahr das ist, hat ein Unternehmer am eigenen Leib erlebt. Unbedacht duzte er eine neue Mitarbeiterin schon nach wenigen Tagen. Er hatte sich nicht viel dabei gedacht. Die Chemie hatte sofort gestimmt und das »Duz-Angebot« hatte sich einfach spontan ergeben. Doch langjährige Mitarbeiter, die er weiterhin siezte, haben ihm das sehr übel genommen. Die Auswirkungen gingen von Eifersuchtsszenen bis hin zur Kündigung.

Den Anspruch der Führung als Fürsorge hat ein anderer Manager in einer Ansprache auf seine gesamte Planungsabteilung übertragen: »Von uns vierzig Fertigungsplanern hängen fünfhundert Arbeitsplätze in der Produktion ab. Wenn wir die Kunden überzeugen und exzellente Arbeit abliefern, dann sind die Aufträge über Jahre gesichert. Dagegen: Wenn wir uns auf unseren Lorbeeren ausruhen und nicht in allen Belangen die Besten sind, dann sind diese Arbeitsplätze schnell in Gefahr.«

Die Sorge um einen Mitarbeiter ist nicht auf die fachliche Verbesserung begrenzt, sondern bezieht sich auf dessen Gesamtentwicklung: Wie kann jemand seinen Weg machen? Was könnte ein nächster Entwicklungsschritt sein? Mit dem Hinschauen alleine ist es dabei nicht getan. Ein Vater zeigt Fehlwege und Holzwege auf. Er weist den Weg und weist zurecht. Dabei ist zu bedenken, dass Menschen ganz unterschiedlich gestrickt sind. Bei dem einen reicht eine Andeutung aus, bei einem anderen tut eine Standpauke not, ehe er sich von der Stelle rührt. Der Vater legt aber nicht nur die Hand auf die Schulter, sondern stupst und schiebt auch an. In einer Unternehmensberatung beispielsweise hat ein Projektleiter festgestellt, dass sich fachlich sehr kompetente Mitarbeiter scheuten, vor Publikum zu sprechen: »Es war immer dasselbe. Bei der Frage, wer präsentiert, haben sich ganz bestimmte Mitarbeiter immer sehr zurückgehalten. Es waren ausgerechnet diejenigen, die am meisten Expertise in das Projekt einbrachten. Aber irgendeine Scheu oder eine falsch verstandene Zurückhaltung hat sie wohl abgehalten, sich vorne hinzustellen. Bis ich dann kurzen Prozess gemacht habe. Ich habe die Betroffenen ganz einfach aufgefordert, die nächste Präsentation zu halten. Und siehe da: Wie alles, was diese Mitarbeiter anpackten, funktionierte auch das exzellent. Vor allem die Kunden waren sehr angetan, weil keinerlei Selbstdarstellung im Spiel war.« Natürlich gibt es auch genau den gegenteiligen Mitarbeitertyp: diejenigen, die forsch drauflosstürmen und denen es besser anstehen würde, etwas sachter vorzugehen. Diese gilt es dann eher etwas zu bremsen und zurückzuhalten, damit sie nicht abheben und dadurch die Bindung zu den Kollegen verlieren.

Inspiration

Der Archetyp des Vaters versinnbildlicht eine Vertrauensperson, jemand, der um das Wohl eines anderen besorgt ist, aber auch jemand, der dem anderen reinen Wein einschenkt. Anspornen, zügeln, verzeihen – dies alles tut der Vater. Doch damit nicht genug. Denn wenn vom geistigen Vater gesprochen wird, dann verbinden sich damit noch ganz andere Qualitäten. Ein geistiger Vater setzt Ideen in die Welt, gibt Denkanstöße, liefert geistiges Futter und wird dadurch zum ersten Beweger für neue Ideen und Gedanken. Führung, die nur fordert, einfordert und kontrolliert, ist platt und macht platt. Wenn Führungskräfte Impulsgeber sind, wenn sie die Mitarbeiter auf neue Gedanken bringen, dann kommt etwas in Bewegung. Wenn andersherum in Unternehmen die Inspiration fehlt, dann werden die Dinge lediglich abgearbeitet. Ein Praxisbeispiel kann das untermalen: Ein Manager aus der Elektroindustrie vertritt die Vision eines globalen Unternehmens. Nach einer längeren Dürreperiode mit Enttäuschungen und Rückfällen erzeugt er damit eine echte Aufbruchstimmung. Doch wie es so kommt, wird dieser Visionär schon nach kurzer Zeit von der Konzernleitung für andere Aufgaben vorgesehen und muss seinen Bereich verlassen. Sein Nachfolger hält nicht viel von Visionen und konzentriert sich auf die Planung und Kontrolle der Geschäftsabläufe. In der Folge erlahmt der eingeleitete Veränderungsprozess. Ohne den geistigen Vater, der das Zukunftsbild ausmalt und hochhält, verschwindet auch der Elan, etwas zu verändern. Das Beispiel zeigt gut, dass Inspiration kein einmaliger Akt einer Rede oder eines Visionsworkshops ist. Der geistige Vater ist täglich am Werk. Er bringt neue Perspektiven ein und fordert seine Mitarbeiter heraus, sich nicht mit dem Status quo zufriedenzugeben, sondern über den eigenen Tellerrand hinauszublicken.

Ein Verbündeter der Inspiration ist der Advocatus Diaboli, der Infragesteller und Provokateur. Dies wusste auch der

Leiter eines Change-Management-Teams. Ihn störte, wie sich
sein junges Team am Anfang eines Projektes in eine, wie er
es nannte, »Weltverbesserungseuphorie« hineinsteigerte. Bei
ihm gingen alle Warnlampen an, weil nach seiner Erfahrung
bei einer solchen Einstellung Enttäuschungen vorprogrammiert
sind. »Kann man aus einer Dampflok einen D-Zug machen?«:
Mit dieser Frage begann er deshalb den Kick-off-Workshop.
Die Teammitglieder schüttelten den Kopf und wurden nachdenklich. Allen wurde schnell klar, was ein überhöhter Selbst-
anspruch und was ein realistischer Veränderungsansatz ist.

Andere inspirieren kann nur, wer selbst inspiriert ist und wer
sich selbst inspirieren lässt. Wie soll jemand, der sich für nichts
interessiert und der keine neuen Anregungen an sich heranlässt, ein geistiger Impulsgeber sein? Um ein Spiritus Rector, ein
leitender, ein treibender Geist sein zu können, muss man selbst
immer auf der Suche nach neuen Eindrücken sein und sich
selbst beeindrucken lassen. Führungskräfte erwarten von Mitarbeitern ein lebenslanges Lernen. Mit eigenen Fortbildungs-
aktivitäten sieht es jedoch oft mau aus. Es geht aber gar nicht
nur um Fortbildungen. Quellen der Inspiration können Kunst
und Kultur sein, die Beschäftigung mit aktuellen gesellschafts-
politischen, philosophischen oder naturwissenschaftlichen
Themen. Gerade in der Begegnung mit anderen Fachgebieten
und Themenbereichen entstehen neue Einsichten.

Der weise Arzt

In Zeiten permanent steigender Leistungsziele wird manchmal
die Tatsache verdrängt, dass Menschen Leistungsschwankun-
gen unterliegen. Selbst Spitzensportler geraten in ein Formtief,
Künstler kennen schöpferische und weniger schöpferische Phasen. Der Ausdruck der schöpferischen Pause zeigt, dass beides

zusammengehört: die Leistung, die Kreativität und die Pause. Dem weisen Arzt ist die Formkurve von Menschen ein Begriff. Er weiß, was sich abspielt, wenn Mitarbeiter einen Lauf haben, wenn sich eines zum anderen fügt. Genauso aber leugnet er nicht, dass jeder einmal aus dem Tritt geraten kann. Für den Arzt und Philosophen Karl Jaspers sind Tiefpunkte und sogar das Erlebnis des Scheiterns manchmal notwendig, um einen Neuanfang und einen Wendepunkt einleiten zu können. Der weise Arzt erkennt diese Chance. Er forciert nichts, stellt keinen Aktionsplan auf, sondern sucht nach Verständnis. Auf diesem Verständnis kann der andere aufbauen und einen Neuansatz finden.

Achtsamkeit

Eine Führungskraft als weiser Arzt sieht nicht nur den Output, das bloße Ergebnis, sondern beschäftigt sich mit dem Leistungsträger selbst. Ein Unternehmer hatte Folgendes als die größte Erkenntnis seines Lebens bezeichnet: »Für mich zählte immer der Erfolg und das ist für mich vor allem der messbare materielle Erfolg. Daraus mache ich gar keinen Hehl. Um das zu erreichen, habe ich alle Kräfte des Unternehmens auf den Kunden ausgerichtet. Und wehe, die Kundenorientierung wurde nicht eingehalten, weil irgendwelche internen Prozesse nicht funktionierten, da konnte ich richtig sauer werden. Das hatte auch alles gut geklappt und das Unternehmen konnte wachsen. In den letzten Jahren nun hat sich meine Sichtweise radikal geändert. Mir ist nämlich nach und nach bewusst geworden, dass mein höchstes Gut gar nicht der Kunde ist, sondern der Mitarbeiter. Das wird manchmal so leicht dahingesagt. Ich war, wie gesagt, nie in erster Linie ein Humanist. Aber es ist tatsächlich so. Wenn ich meine ganze Aufmerksamkeit dem Mitarbeiter schenke, dann werden die Kunden automatisch gut bedient. Die Entwicklung des Unternehmens hat viel mehr mit den Mitarbeitern zu tun als mit dem Kunden. Die Mitarbeiter formen das Unternehmen, sie sind das Unternehmen. Deshalb rate ich dem größten Kapitalisten: Kümmere dich um deine Mitarbeiter. Allerdings: Tue es ehrlich und benutze niemanden, sonst geht das nicht. So bin ich also nun doch zu einem überzeugten Humanisten geworden, sozusagen vom Saulus zum Paulus.«

Die Führungskraft als Arzt fragt sich: Was belastet einen Mitarbeiter? Welche Gewichte liegen auf seinen Schultern? Was liegt ihm im Magen? Was drückt aufs Gemüt? Was beflügelt? Woher kommt die Kraft? Was blockiert? Bildlich kann man sich einen Arzt auf Visite vorstellen. Auf seinem Rundgang fühlt er den Puls und blickt in die Augen. Ein guter Arzt kann bei dieser Kurzdiagnose vieles erkennen. In welchem Zustand befindet sich der andere? Ist er aufgeregt oder niedergeschlagen? Ist der Blick klar oder verschwommen? Auf ihrer »Visite« können Führungskräfte viele Informationen erhalten. Wer sich den Gesichtsausdruck und die Körperhaltung eines Menschen genauer ansieht, kann Rückschlüsse ziehen. Fehlen Führungskräften diese atmosphärischen Informationen, dann können sie vieles in ihrem Unternehmen nicht verstehen und nicht einordnen. Denn hinter den Gemütszuständen spiegelt sich die tägliche Geschäftspraxis: Erfahrungen in Projekten, Kontakte mit Kunden, Erlebnisse in Teams, Zukunftsfragen. Die Mitarbeiter leben mit ihrem Geschäft. Das Pulsfühlen der Führungskraft ist deshalb wie eine Ist-Aufnahme: Wie funktionieren wir im Moment? Ist alles im Fluss oder steuern wir auf ein Chaos zu? Der weise Arzt erkennt die Probleme, er schaut nicht weg, sondern will wissen, was los ist. Seine Diagnose dient der Prävention und trägt dazu bei, dass eine Krankheit frühzeitig erkannt und behandelt werden kann.

Im Sehen und im Tasten erschließt sich der Arzt die Wirklichkeit. Seine Kompetenz ist die Achtsamkeit. Achtsam zu sein heißt, hinzuschauen, was wirklich ist; sich nicht nur von Berichten und Prognosen leiten zu lassen, sondern der Wirklichkeit ins Auge zu blicken; in der Wahrnehmung und nicht in der Vorstellung zu leben.

Achtsamkeit ist die Haltung des genauen Hinschauens und des genauen Hinhörens. Der englische Begriff für Achtsamkeit ist Mindfulness, also ein Zustand des gedanklichen Gesammeltseins, der geistigen Präsenz, der vollen Aufmerksamkeit. Um sich das vorstellen zu können, kann man sich dazu einen Spaziergänger in einem Park denken, der einen Vogel singen hört und stehen bleibt. Der Flaneur schaut, dreht sich, so dass er den Vogel sehen kann und den Vogelgesang noch genauer hört. Die ganze Aufmerksamkeit ist auf den singenden Vogel gerichtet. Die Haltung des Schauens und Hörens spiegelt sich dann sogar in der Körperhaltung. Der Hörende steht ruhig da und richtet sich aus.

Hören – Annehmen – Tun

Der offene Blick in die Welt ist eine Geisteshaltung, die man mit Weisheit in Verbindung bringt. Niemand würde eine Person, die andere ständig unterbricht und mit eigenen Aussagen überdeckt, als weise bezeichnen. Ein guter Arzt hört auch zunächst zu, was der Patient über seine Gesundheit zu berichten hat, und hört sich auch in Ruhe an, was diesem generell auf dem Herzen liegt. Als weise bezeichnet man einen Menschen, der nicht an einer Ideologie hängt, sondern viele unterschiedliche Wahrheiten nebeneinander stehen lassen kann; der nicht vorschnell urteilt, sondern sich Zeit lässt und abwartet, bis sich ein Bild ergibt. In den meisten Gremien, Sitzungen und Besprechungen ist man davon weit entfernt. Schon während der eine seinen Standpunkt vorbringt, drehen ihm andere in Gedanken einen Strick. Nicht die weitsichtige, die weise Entscheidung steht im Vordergrund, sondern die Durchsetzung der eigenen Meinung. Kaum einer verlässt ein Meeting mit einer veränderten Überzeugung. Effizient ist das nicht, weil kein wirklicher Mehrwert, kein Zugewinn an Wissen und Erkenntnis entstanden ist. Genau genommen wurde Zeit verschwendet. In den Endlosdiskussionen wird viel zerredet und wenig umgesetzt. Sitzungen sollten deshalb mit einer Art »geistiger Zugewinnbilanz« abgeschlossen werden. Die Teilnehmer zählen auf, was sie von anderen mitnehmen, einen Gedanken, ein Argument, eine Einschätzung. Je besser diese Bilanz ausfällt, umso eher kann man eine Besprechung als effektiv und sinnvoll bezeichnen. Taktisch geprägte Treffen, denen man beiwohnt, um das Geschehen kontrollieren zu können, in denen man aber gar nicht richtig miteinander spricht, würden auf diese Weise schnell entlarvt werden.

Gut funktionierende Entscheidungsgremien und Arbeitsteams beherrschen eine altbewährte Methode, die fruchtlosen Diskussionen und taktischem Geplänkel einen Riegel vorschiebt. Diese Besprechungsmethode geht bis auf die spätantike Benediktinerregel zurück. Beschrieben wird darin ein Dreischritt. Er lautet: Hören, Annehmen und Tun. Der Erfinder dieser Vorgehensweise hat sich die Frage gestellt, wie es möglich sein kann, dass eine Gemeinschaft miteinander gut auskommt. Aber nicht nur *dass*, sondern auch *wie* Ziele am besten gemeinsam verfolgt werden können. Dem Rat der Brüder, der Versammlung der Gemeinschaft, hat Benedikt dann diesen Dreischritt zusammengestellt. Der springende Punkt dabei ist der: Probleme können in einer Gruppe nur sehr schwer gelöst werden, wenn jeder zu hundert Prozent auf seinem Ansatz beharrt. Viel besser kommt man vorwärts, wenn man mit den übereinstimmenden fünfundachtzig oder neunzig Prozent arbeitet. Die Bedingung dabei ist allerdings, dass man einander zuhört und von den anderen auch etwas annimmt. Wenn das berücksichtigt wird, kommt eine Gruppe sehr schnell auch ins Tun.

Jeder kann sich fragen: Auf wen höre ich eigentlich, von wem lasse ich mir etwas sagen? Je höher man in einer Organisation aufsteigt, umso mehr hat man zu sagen und umso weniger braucht man sich etwas sagen zu lassen. Ein Vorstand hat das eingesehen. In einem Coachinggespräch schildert er: »Wenn mir Mitarbeiter etwas vortragen, dann fängt schon nach zehn Sekunden mein Knie an zu zittern. Und kurz darauf bricht es aus mir heraus und ich übernehme die Wortführung. Ich kann nicht zuhören.« Wie schwer fällt dann erst das Annehmen? Welch ein Unding ist es für viele, etwas an sich heranzulassen, das einem nicht in den Kram passt. Das Bekämpfen ist jedenfalls landauf, landab wesentlich besser eingeübt als das Annehmen.

Geburtshilfe
Das bloße Zuhören hat schon etwas Heilendes. Der Arzt erkennt dabei aber auch die Probleme genauer. Ein erfahrener Arzt weiß, dass nicht er für die Gesundheit des Patienten verantwortlich ist, sondern der Patient selbst. Eine Spritze hat eine kurzfristige Wirkung. Wenn der Patient sein Leben nicht umstellt, seine Ernährung nicht verändert, nicht regelmäßig Sport betreibt, dann bringt die Medizin auf die Dauer nicht viel. Ein guter Heiler setzt deshalb auf die Selbstheilungskräfte der Menschen. Genauso verhält es sich mit der Mitarbeiterführung. Führungskräfte können die Probleme ihrer Mitarbeiter nicht lösen. Sie sollen sie auch gar nicht lösen, denn dafür ist der Mitarbeiter als Spezialist selbst zuständig. Führungskräfte können aber gute Lösungshelfer sein.

Dazu hat Sokrates schon vor langer Zeit erkannt: Jeder Mensch muss die Lösung für seine Lebensaufgaben selbst finden. Anregungen für seinen methodischen Ansatz hat er dabei von seiner Mutter bekommen, die Hebamme war. Der Philosoph hat aus der Geburtshilfe seine Erkenntnislehre abgeleitet. Der Kerngedanke davon ist: Um zu Erkenntnissen und zu Problemlösungen zu gelangen, brauchen Menschen Begleitung. Als Werkzeug dafür hat Sokrates die Fragetechnik hergenommen.

Durch das Fragen wird ein Denkprozess angeregt. Wer auf eine Frage antwortet, muss seine Gedanken ordnen und in eine logische Reihe bringen. Beim Antworten merkt man, an welcher Stelle man hängt, wo Lücken sind und was gedanklich noch nicht zusammenpasst.

Der weise Arzt ist Geburtshelfer und ein Profi im Fragen. Er fragt nicht nur nach Ursachen, sondern versteht es auch, den anderen auf ganz neue Gedanken zu bringen. Der Psychotherapeut Steve de Shazer hat diesen Ansatz in seiner lösungsorientierten Gesprächsführung weiterentwickelt. De Shazer versucht, Bedenken und Denkblockaden durch eine bestimmte Art des Fragens zu überspringen. Die Frage an einen Skeptiker könnte etwa lauten: »Gehen wir einmal davon aus, die Abteilung B wird ihren Vorschlag nicht boykottieren. Was wäre dann? Wie würde es dann weitergehen? Was wären die nächsten Schritte? Welcher Nutzen könnte erzeugt werden?« Es ist hilfreich, positive Szenarien schildern zu lassen: »Angenommen, die Kunden sind von der Idee begeistert, wie würden wir das Produkt auf dem Markt platzieren?« Wer in Lösungen denkt, der kann sich buchstäblich besser von Einschränkungen lösen und kreativer sein.

Der gute Hirte

Der Archetyp des friedlichen und beschützenden Anführers ist der gute Hirte. Die Schafherde entspricht der Vorstellung von einer Gemeinschaft mit einer stimmigen inneren Ordnung. Jeder hat seinen Platz, und der Hirte ist der Gemeinschaftsstifter. Er sorgt dafür, dass der soziale Verband zusammenhält.

Integrationskraft

Moderne Organisationen sind durch ein hohes Maß an Spezialisierung, Mobilität und Heterogenität gekennzeichnet – alles andere als eine eng versammelte homogene Herde. Doch gerade in einer Zeit der Individualisierung gewinnt das Führungsbild des Hirten wieder an Bedeutung. Wie beliebig können Einzelleistungen werden, wenn die Identifikation mit dem größeren Ganzen fehlt. Der Hirte richtet seine Aufmerksamkeit auf die Bindungskräfte, er hat einen Blick dafür, ob jemand nur seine eigenen Interessen verfolgt oder ob er einen Sinn für das Ganze hat. Er sorgt dafür, dass der Abstand zwischen seinen Schäfchen nicht zu groß wird; dass die Mitarbeiter nicht hinter Notebooks, in Flughafenlounges, in fernen Hotelzimmern und Konferenzen von der Gruppe abdriften, sondern sich immer wieder gegenseitig beschnuppern und Stallgeruch aufnehmen. Der Mensch ist ein soziales Wesen. Wenn er sich zu weit von der Gruppe entfernt, passieren ungute Dinge: Vereinzelung, Egotrips, Entfremdung, manche verrennen sich, verheddern sich. Der Mensch ist im abendländischen Denken Einzelwesen und Gemeinschaftswesen zugleich. Die Balance zwischen diesen beiden Wesensmerkmalen ist immer wieder aufs Neue herzustellen. Ein guter Hirte schafft kein Kollektiv um den Preis, jeden gleichzumachen. Nein, er lässt die Eigenheiten zu, erkennt aber in der Gruppe auch ein Korrektiv und eine notwendige Rückbindung für den Einzelnen.

In einer dynamischen Welt nehmen die Anpassungsanforderungen von außen zu: Globalität, Mobilität, Flexibilität. Um die Herde zusammenzuhalten, bedarf es deshalb umso stärkerer Bindungskräfte, sprich nach innen gerichtete Kräfte. Das Führungsbild des Hirten steht für diese Integrationskraft. Wenn man einen Hirten auf einer Alm beobachtet, kann man erkennen, wie ihm das Zusammenhalten der Herde gelingt. Er steht nämlich meist mit etwas Abstand zur Herde. Dadurch kann er den Überblick behalten. Gleichzeitig ist er für alle gut sichtbar. Dem Team tut es gut, wenn der Chef sichtbar ist, präsent ist und mitbekommt, was den ganzen Tag so läuft. Ein erfolgreicher Unternehmensberater mit einer eigenen Firma musste das auch erst lernen. Er war selbst viel beim Kunden unterwegs. Gleichzeitig ist seine Organisation gewachsen. Doch auch die Konflikte unter den Mitarbeitern haben zugenommen. Der Grund dafür ist dem Unternehmensleiter erst nach und nach bewusst geworden. Es hat ganz einfach die Führung gefehlt, der Hirte, der sich um das Gefüge der Gruppe kümmert und das Team zusammenschweißt. Der Firmeninhaber hat es dann mit einem Büroleiter versucht, einem jungen Betriebswirt, aber auch das hat nicht funktioniert, weil dieser nicht den notwendigen Respekt der Mitarbeiter erwerben konnte. Erst als der Chef seine Außenaktivitäten einschränkt und überwiegend selbst im Hause ist, beruhigt sich die Situation und die Organisation ordnet sich.

Der Hirte ist der Ankerpunkt der Herde. Mitarbeiter berichten, dass sie dabei mit ihrem Chef gar nicht unbedingt direkt sprechen müssten. Schon an seinem Gesichtsausdruck würden sie oft erkennen, was los ist. Der Blick, die Mimik genügen, damit die Mitarbeiter wissen, was der Chef sagen möchte, etwa: »Leute, mit diesem Kinderkram ist jetzt Schluss, jetzt kümmert sich jeder wieder um seine Aufgabe« oder »Ich bin mit dieser konzentrierten Arbeitsatmosphäre sehr zufrieden«. Ein Geschäftsführer kann dies bestätigen, wenn er sagt: »Die Mitarbeiter mustern mich, ich spüre das. Sie lesen meine Körpersprache, mein Befinden. Frappierend für mich ist – das weiß ich mittlerweile –, sie schließen daraus auf die ökonomische Lage des Unternehmens. Wenn ich in der Wochenbesprechung von Auftragseingängen oder auch von schmerzlichen Absagen oder Problemen berichte, habe ich den Eindruck, dass die meisten das schon geahnt haben, obwohl keiner davon vorher informiert worden ist.«

In jeder Gruppe – das ist ein besonderes Herdenphänomen – bilden sich informelle Führer, die sogenannten *Natural Leader* heraus. Diese Naturtalente brauchen keine Bezeichnung, keine Schulterklappen, kein Privileg. Sie übernehmen auf natürliche Weise Führung; sie werden von Kollegen aufgesucht, gefragt, kümmern sich, geben Rat, helfen bei Problemen und Entscheidungen. Eine Führungskraft sollte seine »Leittiere«, seine *Natural Leader,* kennen und eng mit ihnen zusammenarbeiten. Damit wird sie der inneren Struktur eines Teams gerecht.

Die sechs Diener

Komplexe Problemstellungen verlangen die Verknüpfung von Talenten, die Fähigkeit, Menschen zusammenzubringen, die Herde zusammenzuhalten, mit einem Wort: Sie verlangen Integrationskraft. Das Märchen von den sechs Dienern handelt von dieser besonderen Kraft und davon, welche unglaublichen Ergebnisse damit erzielt werden können. Die Geschichte geht so:

Eine böse Zauberin lockt mit dem Versprechen, ihre Tochter dem zu geben, der ihre Aufgaben löst, viele Bewerber in den Tod. Ein Königssohn, der auch um die Hand der Tochter anhalten möchte, wird von seinem Vater zurückgehalten. Nachdem der junge Mann sterbenskrank wird, erlaubt der Vater ihm, sich auf den Weg zu machen. Unterwegs nimmt der Königssohn sechs Diener mit besonderen Talenten mit: einen Dicken, einen Horcher, einen Langen, einen mit gewaltiger Sehkraft, einen mit verbundenen Augen, dessen Blick alles sprengt, und einen, der es in extremer Hitze aushält. Am Hof der bösen Zauberin erfüllt der Königssohn drei Aufgaben: Er holt mithilfe des alles durchschauenden Dieners, des Dicken und des Langen den Ring der Königin aus dem Roten Meer, er verspeist dreihundert Ochsen und trinkt dreihundert Fässer Wein, weil er ja den Dicken dabeihat. Bei der dritten Aufgabe verschwindet das Mädchen, auf das der Königssohn hätte aufpassen sollen. Die Zauberin hat es entführt. Doch der Horcher hört sie in einer Felsenhöhle klagen, und der Lange bringt den mit dem Sprengkraft-Blick hin und holt die Königstochter zurück. Die Zauberin hetzt nun ihre Tochter gegen den Königssohn auf, so dass diese selbst noch eine Aufgabe stellt: Sie errichtet einen riesigen Scheiterhaufen, auf dem entweder der Bräutigam oder ein Diener ausharren muss. Diesmal löst der, dem es im Feuer kalt wird, die Aufgabe.

Bemerkenswert ist im Hergang der Geschichte, dass die Helfer des Königssohns, als sie ihm unterwegs begegnen, wie Wegelagerer herumhängen. Erst als die Kräfte in das Vorhaben integriert werden, können sie ihre Wirkung entfalten und dienlich werden. Die Bindungskraft geht von dem gemeinsamen Ziel und von der Beherztheit des Königssohns aus. Der Königssohn selbst wandelt sich von einem Sterbenskranken zu einem Helden, als der Vater loslässt und den Sohn seine Idee umsetzen lässt. Erst dann kann der Sohn das verwirklichen, was in ihm steckt.

Wie viele Talente und Kräfte liegen in Unternehmen brach, weil sie nicht miteinander verknüpft und aktiviert werden? Wie oft scheitern Einzelkämpfer so wie die Freier im Märchen? Welche Fähigkeiten bleiben unentdeckt, weil Führungskräfte nicht loslassen aus Furcht, es könnte etwas schiefgehen? Das Märchen der sechs Diener ist ein Plädoyer für das Aufwecken der brachliegenden Talente durch mutige Projekte und entschlossenes Tun und ein Plädoyer für das Delegieren und das Einbinden unterschiedlicher Menschen. Und für noch etwas Anderes öffnet das Märchen die Augen: Es sind die ungewöhnlichen Eigenschaften, mit denen etwas Besonderes geleistet werden kann. Der Dicke wurde in seinem Leben bestimmt oft schief angesehen und der, dem es im Feuer kalt wird, als Sonderling abgetan. Jetzt sind sie es, die die große Aufgabe zum Gelingen bringen und das Überleben sichern. Das größte Abenteuer einer Führungskraft ist die Entdeckung und Einbindung der Fähigkeiten von Mitarbeitern.

Die Begabungen im Märchen ergänzen sich kongenial. Erst ihr Zusammenwirken besiegt die böse Zauberin. In kleinen Unternehmen ist dieses Phänomen oft zu beobachten. Da es auf jeden Einzelnen ankommt, werden die individuellen Potenziale intensiv ausgeschöpft. Der Chef weiß, wer seine Horcher, seine Seher sind, wer sich auf der langen Strecke durch Zähigkeit auszeichnet und wer für eine überraschende Idee gut ist. Und er vermittelt, dass jeder auf seine Weise ein Diener für die gemeinsame Sache ist. In einem Schreinerbetrieb beispielsweise wurde ein Werkstatthelfer eingestellt. Früher hätte man von einem Hilfsarbeiter gesprochen. Vom Inhaber der Schreinerei wird das ganz anders gesehen: »Der Werkstatthelfer hat eine Ordnungsfunktion. Je ordentlicher eine Werkstatt ist, desto besser ist die Qualität. In einer Schreinerei ist Qualität alles. Der Werkstatthelfer bestimmt über Ordnung und Sauberkeit. Die von ihm gesteuerten Aufräumaktionen und Regeln haben oberste Priorität. Jeder Facharbeiter muss sich daran halten.«

Persönliches Wachstum fördern
Der Psalm 23 besingt die Führungsqualitäten des guten Hirten. »Er führet mich zum frischen Wasser«, heißt es da. Wasser spendet Leben. Der Hirte schaut auf das Leben und auf Wachstum. Einen passenden Begriff findet Erich Fromm in seiner Sozialphilosophie dafür. Er spricht von Biophilie, der Liebe zum Lebendigen, und dem Wunsch, Wachstum zu fördern. Wachstum kann nicht erzwungen werden, sondern nur gefördert. Der Hirte hält Ausschau nach den grünen Auen und saftigen Wiesen, nach passenden, nach wachstumsfördernden Aufgaben, Projekten, Herausforderungen und nach Neuland. Das Zupacken, das Anpacken und der Erfolgshunger müssen vom Mitarbeiter selbst ausgehen. Der Hirte gibt Hinweise: Versuche dies, probiere das. Führen heißt, Chancen zu eröffnen, und ganz wichtig: einen geschützten Rahmen dafür zur Verfügung zu stellen. Eine

wesentliche Führungsfunktion ist die Schutzfunktion. »Und ob ich schon wanderte im finstern Tal, fürchte ich kein Unglück«, heißt es im Psalm. Ein Unglück für Unternehmen ist es, einen wichtigen Auftrag nicht zu bekommen oder einen Kunden nicht zufriedenstellen zu können. Jeder Mitarbeiter trägt eine Teilverantwortung dafür. Es muss aber verdeutlicht werden, dass die Verantwortung immer auf mehreren Schultern liegt und dass keiner Angst zu haben braucht.

Die Führungsbilder beschreiben ein breites Spektrum an Führungsqualitäten. Vom strengen Meister und Lehrer über den weisen Arzt, den geistigen Vater bis hin zum guten Hirten sind alle möglichen Führungssituationen angesprochen. Was ist Ihre Lieblingsfigur? Wie ordnen Sie die unterschiedlichen Führungsqualitäten ein: die klare Ansage des Meisters, die Begleitung des Lehrers bei einem ständigen Lernprozess, die Rückenstärkung und die Inspiration des geistigen Vaters, die integrierende Kraft des guten Hirten, das Pulsfühlen und die Geburtshilfe des weisen Arztes? Gehen Sie konkrete Fragen und Problemstellungen aus Ihrer Praxis durch. Die Führungsbilder können Ihnen helfen, Lösungsmöglichkeiten dafür zu finden.

Man kann nicht erwarten, dass ein Mensch alle diese Qualitäten in sich vereint. Vieles spricht deshalb für ein Führungsteam, in dem unterschiedliche Führungsqualitäten zusammenfinden. Der eine ist mehr der Ideengeber und geistige Vater, ein anderer der, der die Gruppe zusammenhält. Achten Sie auf mögliche Ergänzungen Ihrer Führungstalente durch die von Kollegen.

»Wandlung ist notwendig wie die
Erneuerung der Blätter im Frühling.«
Vincent van Gogh

III. Wandel meistern – mit Balance und Wertekompetenz

9. Balance aus Beständigkeit und Wandel

Werden und Vergehen sind Kennzeichen des Lebendigen, ein biologisches Gesetz. Man kennt den Wechsel der Jahreszeiten und erlebt den Prozess des Wachsens und des Älterwerdens. Ein Baum wird groß, trägt Früchte, Jahr um Jahr, ändert seine Farbe im Herbst, blüht im Frühjahr, bis seine Kraft eines Tages nachlässt und er langsam vergeht. Von dem französischen Philosophen Henri Bergson stammt der Satz: »Existieren heißt sich verändern. Sich verändern heißt reifen. Reifen heißt sich selbst endlos neu erschaffen.« Stillstand bedeutet so viel wie Rückschritt, hört man oft. Kaum einer, den nicht schon einmal das beklemmende Gefühl erfasst hat, auf der Stelle zu treten, nicht weiterzukommen, zu stagnieren. Aber geht das überhaupt: sich endlos neu erschaffen? Ist Veränderung ein Naturgesetz, ein zwangsläufiger Ablauf, oder kann sich jeder selbst aussuchen, wie er es mit dem Wandel hält?

Die Menschen haben ein sehr unterschiedliches Verhältnis zur Veränderung. Von der Markteinführung neuer Produkte weiß man, dass weniger als drei Prozent der Kunden spontan für etwas ganz Neues zu haben sind. Etwa dreizehn Prozent werden als »frühe Verwender« (*early adopter*) bezeichnet: Kunden, die auf den Zug aufspringen, sobald sich ein Trend bemerkbar macht. Die sogenannte »frühe Mehrheit« umfasst ein Drittel, und ein weiteres Drittel ist die »späte Mehrheit«. Bleiben die »Nachzügler« mit rund sechzehn Prozent. Bei Veränderungsprozessen in Unternehmen verhält es sich ähnlich. Die einen sticht schon nach einem Jahr in einem neuen Job der Hafer und sie gehen auf die Suche nach neuen Herausforderungen, übernehmen ein Projekt im Ausland, bauen etwas Neues auf. Sie tun das ganz von innen heraus, keiner muss sie schieben und überzeugen. Anderen dagegen ist es ein Graus und sie erleben es als Bedrohung, sich von Bekanntem lösen zu müssen, sich mit neuen Kollegen und neuartigen Arbeitsbedingungen auseinandersetzen zu müssen. Der Psychoanalytiker Fritz Riemann hat in seinem Buch ›Die Grundformen der Angst‹ eine Grundveranlagung in jedem Menschen beschrieben; eine Vorliebe entweder für Dauerhaftigkeit und Beständigkeit oder für Wandel. Die einen lieben es, in ihrem gewohnten Umfeld zu sein und zu bleiben, mögen Traditionen und bauen auf das, was sie kennen und was sich bewährt hat. Andere treibt es um, Neues zu entdecken, die Welt neu zu erfinden oder zumindest einen Tapetenwechsel vorzunehmen. Neuere Studien aus der Biografieforschung zeigen, dass auf den Durchschnitt gesehen die Neigung von Menschen, sich zu verändern, im Laufe des Lebens kontinuierlich abnimmt. Wer seinen Lebenspartner in der zweiten Lebenshälfte wechselt, landet danach oft bei einem ähnlichen Menschen. Das Neue wird bei vielen zu einem unerwünschten Gast.

Alles fließt, so beschreibt schon der griechische Philosoph Heraklit den natürlichen Vorgang ständigen Werdens und Wandelns. Immer schon hat es soziale, politische und technische Veränderungen gegeben. Aus Höhlenbewohnern, Nomaden, Jägern und Sammlern wurden Bauern, Handwerker, Siedler und Städter. Was aber heißt Wandel heute? Was treibt den modernen Menschen um?

Der schnelle Wandel

»Früher wurde mehr gefeiert«, antwortet ein Mitarbeiter auf die Frage, wie sich die Arbeitswelt aus seiner Sicht verändert hat. Noch in den 1970er Jahren gab es in der Automobilindustrie nicht mehr als zwei oder drei Modelle einer Marke. Heute überschlagen sich die Anbieter mit unterschiedlichen Fahrzeugtypen und Derivaten. Denn Gewinnsteigerung kann der erzielen, der in immer kürzerer Zeit immer mehr neue Angebote auf den Markt wirft. Zum Feiern bleibt da keine Zeit mehr. Alle sind angetrieben von einem schier unbändigen Steigerungsdenken.

Die Logik der Steigerung

Das Steigerungsdenken ist ein relativ neues Phänomen. Im Mittelalter war es für einen Handwerker ganz selbstverständlich, sich in seinem beruflichen und privaten Leben genau an die überlieferte Zunftordnung zu halten. Die gleichbleibende, stabile Welt wurde als Idealform des Lebens betrachtet. Mit der Neuzeit ändert sich das. Forsche, zweifle, erfinde, mache neu, heißt jetzt das Motto. Die Moderne definiert sich durch ein Heraustreten aus der Tradition. Der moderne Mensch glaubt daran, die Zukunft aus eigener Kraft gestalten zu können, und strebt nach einer ständigen Verbesserung seiner Lebensumstände. Fortschritt wird zum Zauberwort.

In dieser Entwicklung entsteht eine Eigendynamik, die der Soziologe Gerhard Schulze als eine Logik der Steigerung kennzeichnet: »Die Menschen versprechen sich alles – und bekommen es: Hochgeschwindigkeitszüge, totale Telekommunikation, fäulnisresistente Tomaten, intelligente Waffen und strotzende Potenz.« Die Wunschliste ist nie zu Ende. Im Gegenteil: Sie wird immer länger. Die Menschen lieben es, ihre Lebensmöglichkeiten zu erweitern; Informationen aus einem weltweiten Datennetz zu holen, die ganze Erde bereisen zu können. Der Preis dafür aber ist eine ständige Geschwindigkeitssteigerung in allen Bereichen des Lebens.

Die Geschichte der Fortbewegungsmittel veranschaulicht das. Von der Mitte des 19. Jahrhunderts an bis in die 1930er-Jahre gaben die 100 km/h der Dampflokomotive das gewohnte Reisetempo vor. Davor war jahrhundertelang das Pferd mit einer Durchschnittsgeschwindigkeit von 15 km/h das Maß der

Schnelligkeit. In den 1950er-Jahren erreichen Propellermaschinen bereits weit über 500 km/h. Und schon zehn Jahre später durchbrechen Düsenjets mit 1000 km/h die Schallmauer. Wer in den 1930er- und 1940er-Jahren in Deutschland auf dem Land aufgewachsen ist, hat noch erlebt, wie Ochsen den Pflug zogen. Bei den Söhnen und Töchtern derjenigen kann es sein, dass diese heute bei Telefonkonferenzen mehrmals am Tag die Sprache wechseln, Hightech-Maschinen bauen und zwischen zwei Lebensorten pendeln.

Was den Menschen heute zu schaffen macht, ist nicht der Wandel an sich, es ist der schnelle Wandel. Kaum jemand kann noch sagen, wo ein Unternehmen in vier, fünf Jahren stehen wird. Die Zukunft ist ungewiss. Der Sozialwissenschaftler Hartmut Rosa beschreibt einen Beschleunigungszirkel aus Lebensstil, technischen Mitteln und Lebenstempo. Das alte Notebook wird plötzlich als zu langsam empfunden. Das Tempo wird zum Lebensstil. Auf den Weg von der Arbeit nach Hause passen noch eine SMS und zwei Anrufe vom Auto aus. Mit ausgefeilten technischen Mitteln können Zeitkontingente noch effizienter genutzt werden. Doch am Ende fühlen sich die meisten wie der Hamster im Rad. Man hat den Eindruck: Je schneller man rennt, umso schneller dreht sich das Rad.

Das Gefäß läuft über

Man stelle sich den Menschen einmal als ein Gefäß vor. Dann kann man sagen, dass sich immer mehr Menschen so fühlen, als wären sie bis zum Rand des Gefäßes angefüllt. Eine logische Folge der ständigen Steigerung sind Termindruck, Hektik und Stress. Die Depression ist mittlerweile in den Industrieländern zum Spitzenreiter der psychischen Krankheiten avanciert. Die Menschen sind überfordert. Beobachter des sozialen Wandels beschreiben diesen Vorgang mit dem Bild rutschender Abhänge (»Slipping-Slope-Syndrom«). Der Anstieg des Bergs symbolisiert die Steigerungskurve, das Höher-schneller-weiter-Denken. Der Weg nach oben wird immer steiler. Schon der nächste Schritt erfordert einen höheren Kraftaufwand als der letzte. Bei der Vorstellung von »rutschenden Hängen« entstehen albtraumartige Bilder. Man denkt daran, wie man auf einer Bergtour ein Geröllfeld überwindet. Auf einmal zieht es einem den Boden unter den Füßen weg, man ist nicht mehr Herr der Lage und wird mit der Lawine nach unten gerissen. Verfolgt man das tägliche Treiben an den Aktienmärkten, dann ist das Bild vom rutschenden Abhang nicht weit hergeholt. Es ist doch so: Je höher die Kurse steigen, umso riskanter wird das Spiel. Doch die Leistungserwartungen schlagen auf die Unternehmen durch und erhöhen den Druck. Kaum einer, der die rollenden Steine noch nicht unter seinen Sohlen gespürt hätte.

Wenn das Gefäß jedoch permanent überläuft, dann gelangt das Steigerungsdenken ganz offensichtlich an seine Grenzen. Ein Manager kann die Vielzahl seiner Projekte nur dann zu einem guten Ergebnis bringen, wenn er sich nicht verzettelt, wenn er das Ganze betrachtet, wenn er das Team einbindet und Raum für Kreativität lässt. Dies alles kann er aber nur unzureichend tun, wenn er selbst »überläuft« und überdreht. Ab einer bestimmten Geschwindigkeit steigt auch die Gefahr, einen Unfall zu bauen. Das weiß jeder Autofahrer. Wie kann also ein Arbeits- und Lebensmodell aussehen, das den Anforderungen einer schnellen Welt gerecht wird, die Menschen aber nicht in die Raserei und ins Verderben treibt?

Beschleunigung und Verlangsamung
Eines ist dabei gewiss: Nur wer das Gefäß immer wieder leert, hat Platz, um komplexe Probleme bewältigen zu können. Wer abgehetzt ist, der hat den Kopf nicht frei und tut sich schwer, Spielräume für intelligente Lösungen zu schaffen. Der Philosoph Odo Marquard kommt daher zu dem Schluss: Nur der Lang-

same kann in der schnellen Welt überleben! Wer nicht in der
Lage ist, von Zeit zu Zeit stehen zu bleiben, um den eigenen
Standpunkt zu definieren, der kann sehr leicht mitgerissen
werden von Trendwellen. Steigerungsfähig ist dagegen, wer das
rechte Maß aus Schnelligkeit und Langsamkeit, aus Routine und
Innovation, aus Geschwindigkeit und Muße findet.

Einen anschaulichen Vergleich für die Erfolgsformel aus
Schnelligkeit und Langsamkeit bietet der Biathlonsport. Es gewinnt logischerweise der Schnellste. Wer aber zu viele Fehler
beim Schießen begeht, der verliert durch die Strafrunden trotz
seiner ursprünglichen Schnelligkeit. Die Spitzenläuferin Uschi
Disl erklärt: »Viele Leute glauben, wir machen klick und der
Puls geht runter von 180 auf 45. Aber auch wir können unseren
Körper nicht austricksen. Manchmal muss man halt zwei- oder
dreimal mehr durchatmen oder mit höherem Puls schießen,
als man eigentlich wollte. Alles reine Gefühlssache! Manchmal
klappt es und manchmal stehe ich da und stehe und stehe.«
(In: Wilfried Hark, ›Biathlon verständlich gemacht‹) Dieses Da-
stehen ist für den beschleunigten Menschen von heute nicht
leicht auszuhalten. Es fällt den meisten leichter, drei Dinge auf
einmal zu tun – zu telefonieren, gleichzeitig die E-Mails durch-
zusehen und dabei noch einen Kaffee zu trinken – als anzuhal-
ten und eine Weile gar nichts zu tun. Wenn die Menschen aber,
wie Untersuchungen nachweisen, heute dazu neigen, länger
zu arbeiten, kürzer zu schlafen und schneller zu essen, nur um
das Pensum zu schaffen, dann ergeht es ihnen bald wie einem
Biathleten, der eine Strafrunde nach der anderen fährt und sich
dabei immer mehr auspowert. Dagegen erhält der, der sein Leben verlangsamt, Zeit, über etwas nachzudenken, neue Arbeits-
ansätze zu entdecken und sich mit anderen auszutauschen. Ein
Professor zum Beispiel erklärt, wie er mit der Informationsflut
umgeht. Er sagt: »Ich kann schon lange nicht mehr die komplette Literatur in meinem Fachgebiet bewältigen. Also spreche ich

mit Kollegen, frage nach, welches Buch sich zu lesen lohnt, und lasse mir schon mal eine Zusammenfassung geben.« Ehe er sich in den unüberschaubaren Bergen von Büchern und Artikeln verliert, hält der Professor lieber an, schaut sich um, tauscht sich aus und kommt dadurch zu einer sinnvollen Literaturauswahl. Jeder muss für sich selbst ein Verhältnis finden zur Dynamik der Beschleunigung, die Langsamkeit neu entdecken, das Gefäß leeren, aus dem Hamsterrad aussteigen.

Beständig sein im Wandel

Wer davon ausgeht, er könne immer schneller rennen – und sei der Aufstieg noch so steil –, der geht von falschen Tatsachen aus. Er tut so, als könne er sein Gefäß und das Gefäß der anderen vergrößern, und leugnet dabei physische und psychische Grenzen des Menschen. Viele Menschen scheitern an dieser Illusion. Sie erkennen das notwendige Wechselspiel aus Beschleunigung und Verlangsamung nicht an, sehen nicht, dass Schnelligkeit und Veränderung nur auf einem stabilen Fundament funktionieren. Wer im Steigerungswahn taumelt, dem wird eines immer deutlicher: Wandel geht nicht ohne ein Mindestmaß an Stabilität. Oder noch konkreter: Wandel und Stabilität sind die beiden Seiten derselben Medaille.

Veränderung setzt Stabilität voraus
Menschen können sich nur dann verändern und entwickeln, wenn die Basis dafür stimmt und sie sich sicher fühlen. Das beste Beispiel sind Kinder. Die emotionale Sicherheit, das unbedingte Gefühl, immer aufgefangen zu werden, ist der Grundstock für eine gesunde Entwicklung. Kinder und Jugendliche sind oft chaotisch, ihnen fehlt die Orientierung, sie probieren aus, probieren sich aus, protestieren, verändern sich, leben dieses und

jenes aus, und wachsen dabei zu Persönlichkeiten heran. Dies ist aber nur in einem stabilen Umfeld möglich, das die Unruhe des Heranwachsens zulässt und aushält und das den stürmischen Bewegungen und Erschütterungen standhält.

In Unternehmen ist es genauso. Wenn die Beständigkeit fehlt, ist keine wirkliche Weiterentwicklung möglich. Aktionismus, häufiger Wechsel im Management, endlose Ketten an Umstrukturierungen haben erst einmal nichts mit Veränderung zu tun. Ein Mitarbeiter berichtet verzagt, er habe in den letzten sieben Jahren an der gleichen Arbeitsstelle fünf verschiedene Vorgesetzte gehabt. Er musste mit den Neuen und diese mit ihm immer wieder von vorn anfangen. Eine kontinuierliche Weiterentwicklung ist unter diesen Voraussetzungen kaum zu machen. Veränderung ist im Gegensatz dazu dort möglich, wo Unternehmer und Führungskräfte Durchhaltevermögen und einen langen Atem beweisen. Etwas aufzubauen, heißt, Höhen und Tiefen miteinander zu durchleben, Tränentäler und sumpfige Gebiete zu durchschreiten, um dann nach harter Arbeit die Sonne wieder aufgehen zu sehen und wieder nach oben zu kommen. Kein erfolgreicher Unternehmer wird je eine andere Geschichte erzählen. Die Vorstellung eines permanenten Wachstums ist nichts anderes als ein künstliches Konstrukt, das mit den Gesetzen des Lebens nicht übereinstimmt.

Untersucht man näher, was die Beständigkeit auszeichnet, dann stößt man recht bald auf die Konfliktfähigkeit: die Fähigkeit also, Spannungen auszuhalten und etwas durchzustehen. Ein Bauunternehmer kommt diesbezüglich zu dem Schluss: »Wir haben die Krisen auf dem Bausektor immer gut überstanden. Der wesentliche Grund dafür ist aus meiner Sicht, dass ich mit meiner Führungsmannschaft immer offen alles durchgesprochen habe. Wir sind darin geübt, uns auseinanderzusetzen und Schwierigkeiten zu überwinden. Die Zeit, die wir uns für Aussprachen genommen haben, hat sich immer gelohnt.«

Bereitschaft zur ständigen Erneuerung

Oft sind es äußere Umstände und Krisen, die Menschen dazu zwingen, eine andere Richtung einzuschlagen: eine Krankheit, die drohende Scheidung, eine übermäßige Verschuldung. Bei Organisationen kommt der Weckruf etwa über den Verlust an Marktanteilen, die Abwanderung von wichtigen Mitarbeitern oder Qualitätsprobleme. Veränderung wird dann als ein notwendiges Übel betrachtet. Man muss sich halt den Umständen der Weltwirtschaft oder technologischen Neuerungen anpassen, sonst kann man nicht überleben. Was bei dieser zwangsweise herbeigeführten Veränderung fehlt, ist eine innere Erneuerung, die aus der Organisation selbst kommt. Diese innere Erneuerung fällt den meisten Unternehmen richtig schwer. Sie haben keine Ahnung, wie sie das machen könnten. Das zeigt folgendes Beispiel: Ein Bereichsleiter im Automobilservicesektor hatte sich Sorgen gemacht, weil seit Jahren kaum neue Ideen auftauchten, geschweige denn umgesetzt wurden. Die Marktsituation war noch komfortabel und an der Leistung gab es wenig zu bemängeln. Schon in naher Zukunft aber – diese Sorge trieb den Bereichsleiter um – konnte das anders aussehen. So hat er also seine leitenden Angestellten zusammengeholt, um über Innovationen zu sprechen. Die Runde saß einen ganzen Tag lang zusammen. Man versuchte etwas auf Moderationskarten zu bringen, aber die Diskussion verlief zäh. Das Ergebnis war letztlich erschreckend. Es kam nicht ein brauchbarer neuer Gedanke heraus. Die Gruppe war nicht imstande, sich selbst neu zu definieren. Der Bereichsleiter war total frustriert. Nachdenklich erklärt er sich das Desaster so: »Seit Jahren gab es bei uns kaum eine Fluktuation, keine Krise, keinen Crash, nur ruhige See. Wir haben, wie ich jetzt sehe, schlicht null Übung darin, uns selbst zu hinterfragen.« Ein großer Mittelständler der Baumaschinenindustrie dagegen hat für sich einen Weg gefunden. Ein Vorstandsmitglied erklärt den Arbeitsansatz so: »Wir hatten nie eine große Krise zu bewältigen und waren deshalb immer darauf angewiesen, uns von innen her zu reformieren. Wir haben das geschafft, indem wir turnusmäßig thematische Schwerpunkte definiert haben. In einem Jahr war es das Thema ›Fehlerkultur‹ und ›offene Kritik‹, in einem anderen das Thema ›Kundenorientierung‹. Wenn die Mitarbeiter immer wieder aufs Neue angehalten werden, über diese Dinge nachzudenken und ganz konkrete Maßnahmen davon abzuleiten, dann bleiben sie fit. Ganz entscheidend dabei ist, dass sich der Vorstand nicht ausnimmt, sondern sich ausdrücklich zuerst mit einem neuen Thema beschäftigt und genauso wie die Mitarbeiter Aktionen beschließt. Die Veränderung messen wir dann anhand von zwei Kriterien. Zum einen die Frage: Was wurde in einem Team wirklich realisiert? Zum anderen: Was wird jetzt nicht mehr getan? Die große Bedeutung dieser zweiten Frage ist uns erst nach und nach aufgegangen. Neben der To-do-Liste schauen wir uns auch die Not-to-do-Liste an. Nur wenn etwas, das gar keinen Sinn ergibt, nicht mehr getan wird – zum Beispiel in Leitungssitzungen über fachliche Details zu diskutieren –, wird auch der Platz für Neuerungen frei.«

Schon Platon hat von einem »inneren Feuer« als Kraft zur Veränderung gesprochen. Jede Abteilung, jedes Team kann sich selbst danach beurteilen, wie es um das innere Feuer bestellt ist. Das Feuer wird angesteckt von einer »inneren Glut«, einem Glühen für eine Idee, eine Sache, ein Ziel. Wenn dieses Glühen fehlt, kann auch keiner angesteckt und zu einer Veränderung und Verwandlung ermutigt werden. Wenn keiner für die Sache glüht, werden Projekte nur abgearbeitet, dann fehlt es an Eigenleben, an Eigendynamik und an der Neugierde darauf, wie etwas anders gehen könnte als bisher.

Gymnastik des Augenblicks
In den abendländischen Weisheitslehren ist die Bereitschaft zur ständigen Erneuerung ein zentraler Gedanke. Die Philosophen der Antike finden in der Wachheit für den Moment einen methodischen Ansatz dafür. Er wird auch als »Gymnastik des Augenblicks« bezeichnet. In jedem Augenblick, in jedem Gespräch, in jeder neuen Situation kann man sich fragen: Bin ich offen oder mache ich zu? Lasse ich mich auf einen neuen Gedanken ein oder winke ich ab? Wie bei der körperlichen Gymnastik geht auch die geistige Gymnastik nicht von allein, sondern sie bedarf der Anstrengung. Das gilt in gleicher Weise für Arbeitsteams: Findet eine Besinnung auf die wesentlichen Aufgaben und Ziele statt? Werden die eigenen Maßstäbe regelmäßig definiert?

Sei beständig im Wandel! So leitet die Benediktsregel die kontinuierliche Erneuerung an. Dabei heißt es: »Murre nicht!« Vergeude deine Kraft nicht mit negativen Gedanken, sondern öffne dich deinen Mitmenschen und den Aufgaben, die sich dir entgegenstellen. Das kann in der unternehmerischen Praxis so aussehen, dass Mitarbeiter in regelmäßigen Abständen vor neue Herausforderungen und Aufgaben gestellt werden, oder dass in einem Führungsteam jeder am Ende eines Monats darlegt, was er im nächsten Monat anders anpacken möchte. Schon Seneca wusste: »Du hast nur das eine Ziel: dich täglich besser zu machen.« Veränderung beginnt bei einem selbst. Allzu gern setzt man bei anderen an: Wenn dieser Mitarbeiter nur etwas systematischer arbeiten würde und jener etwas flotter. Ein Partner in einer Unternehmensberatung zum Beispiel war unzufrieden, weil er den Eindruck hatte, dass seine Mitarbeiter in der Konzeptentwicklung zu wenig Verantwortung übernahmen. Bis er gemerkt hat, wie es wirklich war. Er hatte immer die Konzepte entworfen, und die anderen hatten diese dann übernommen. Zwar hatte keiner so richtig Spaß an dieser Vorgehensweise, aber alle sind schlichtweg einer »Tradition« gefolgt. Und wer bemängelt schon den Arbeitsstil des Chefs? Als er beginnt, die Mitarbeiter früher einzubinden, wird das sofort offen aufgenommen. Viel schneller als er erwartet hatte, ziehen die Mitarbeiter die Aufgaben an sich und gestalten die Projekte selbstständig.

Um aus dem eigenen Fahrwasser herauszukommen, reicht die kritische Auseinandersetzung mit sich selbst jedoch nicht aus. Manchmal muss der Anstoß zur Veränderung von außen kommen. Hilfreich kann dabei das sein, was die Benediktiner die *correctio fraterna* nennen, die brüderliche Zurechtweisung. Zurechtgewiesen zu werden ist unangenehm, und man lässt sich auch nicht von jedem kritisieren. Deshalb kommt das Feedback besser von einem, mit dem bereits eine gute zwischenmenschliche Basis vorhanden ist, mit dem man sich »brüderlich«, also freundschaftlich verbunden fühlt. Die *correctio fraterna* ist aber nicht bloß ein beliebiges Instrument, sondern eine Verpflichtung. Jeder ist verpflichtet, von sich aus einen nahestehenden Kollegen zu gegebener Zeit beiseite zu nehmen und ihn auf seine Wirkung auf andere hinzuweisen, in der Art: »So wie du in der heutigen Sitzung die beiden jungen Mitarbeiter angegriffen hast, werden die so schnell nichts Kritisches mehr vorbringen.« Menschen brauchen immer wieder Korrekturen und Denkimpulse von außen. Ein Manager beispielsweise hat einen jungen Leiter eines Außenwerkes in die mittlere Ebene des Stammwerkes zurückgeholt. »Der Mann ist noch nicht ganz ausgereift«, analysiert er. »Er braucht noch Zeit, um als Führungskraft Erfahrungen zu sammeln und neue Impulse zu bekommen.« Diese Korrekturmaßnahme ist keine Strafversetzung, sondern eine echte Hilfe, um eine junge Führungskraft systematisch aufzubauen. Diese Vorgehensweise wird von der Lernforschung bestätigt. Etwas Neues lernen – das hat dieser Manager richtig erkannt – kann man nur, wenn man in eine Situation gebracht wird, die einen neugierig macht, die eine neue Aufmerksamkeit entstehen lässt und die auch Emotionen hervorruft. Die Wahrscheinlichkeit, etwas dazuzulernen, steigt deshalb bei einer Veränderung: bei einem Ortswechsel, einem Aufgabenwechsel, einem Themenwechsel.

Halt in sich selbst finden

Wenn man heute davon spricht, jeder habe sein Leben selbst in die Hand zu nehmen und zu managen, dann ist damit mehr gemeint, als sich um seine Lebensversicherungen zu kümmern oder sich kontinuierlich weiterzubilden. Was dahinter steht, ist die fundamentale Aufgabe, in einer Welt voller Veränderungen seine Stabilität im Leben zu wahren. Ein wesentlicher Pfeiler dabei sind verlässliche Beziehungen. Dies gilt für den privaten Bereich und betrifft Partnerschaft, Familie und Bekanntenkreis. Es gilt aber auch für Unternehmen. Ein guter Zusammenhalt im Team ist die beste Garantie, um den Wechselfällen des Geschäftslebens standhalten zu können. Doch auch wenn man auf ein tragfähiges Beziehungsnetz zurückgreifen kann, ist man letztlich selbst sein eigentlicher Haltepunkt. Wie kann das aussehen: einen Halt in sich selbst finden? Wie kann man vorgehen?

Schauen, was geht und was nicht
Die Frage nach der Eigenstabilität ist heute hochaktuell, aber neu ist diese Frage nicht. Schon für Mark Aurel ist sie der zentrale Ansatzpunkt des gesamten Lebenskonzeptes. Der Leitspruch Aurels dafür lautet: »Finde deinen Stand in dir selbst.« Dieser Selbststand ist für die antike Philosophenschule der Stoiker das Ergebnis eines mentalen Prozesses. Die Stoiker behaupten nämlich, dass die Unruhe der Menschen nur selten mit objektiven Tatsachen zu tun hat; nein, die Menschen machen sich das Leben selbst schwer. Die Sorgen sind quasi hausgemacht;

alles nur eine Frage des eigenen Werturteils. Eine Situation positiv oder negativ zu betrachten, ist ein Werturteil und keine Tatsachenbeschreibung, das ist wie mit dem halb vollen und dem halb leeren Glas. Ob einen eine Niederlage frustriert oder ob man darin eine Lernchance sieht, ist nichts anderes als ein Werturteil. Ziel muss es deshalb sein, sich immer wieder von seinen Urteilen und Interpretationen zu befreien. Nur so kann man seinen Frieden mit sich und der Welt machen. Der Mensch braucht dazu so etwas wie eine tägliche Aufräumarbeit. Kern dieser Übung ist es, das Machbare vom Unveränderbaren zu unterscheiden, zu schauen, was geht und was nicht. Eine praktische Anleitung dafür könnte so aussehen: Schaffen Sie Ruhe um sich herum, schließen Sie die Tür des Büros oder ziehen Sie sich an einen ruhigen Ort zurück. Listen Sie die Themen und Gedanken auf, die Sie im Moment gerade umtreiben: »Problem X beim Kunden A«, »Gute Idee von Mitarbeiter M«, »Schlechte Leistung von Mitarbeiter L«. Legen Sie eine zweite Spalte an und kommentieren Sie die Themen: beeinflussbar, nicht beeinflussbar. Überlegen Sie, wie Sie das Machbare mit Ihren eigenen Vorstellungen und Zielen in Einklang bringen können.

Was du suchst, hast du schon

Dieses mentale Training ist aber nur das eine. Der Kern der persönlichen Souveränität ist ganz grundsätzlich in einem guten Bezug zu sich selbst angelegt. Was heißt das: einen guten Bezug zu sich selbst haben? Es klingt erst einmal trivial. Aber viele Menschen sind auf der Suche nach sich selbst. Sie sind sich ihrer selbst ungewiss und wissen einfach nicht, was das Beste für sie ist. Das ist daran zu erkennen, dass jemand eher sein möchte wie ein anderer, als sich selbst gut zu finden. Bei einer solchen inneren Verfassung Zutrauen zu sich selbst zu gewinnen, ist ein Ding der Unmöglichkeit. Welchen Ausweg kann es aus dieser Selbstunsicherheit geben?

Mark Aurel findet eine zauberhafte Formel dafür: »Alles, wozu du auf einem Umweg kommen willst, kannst du schon haben, wenn du es dir nicht selbst missgönnst.« Der Satz hat es in sich. Er besagt vor allem eines: Die Orientierung an anderen ist ein Umweg und lenkt ab von der Besinnung auf die eigenen Gaben, die eigene Persönlichkeit, den eigenen Stil. Stark und überzeugend kann jemand nur sein, wenn er er selbst ist. Nur wer mit offenen Händen annimmt, was ihm mitgegeben ist, kann zu wahrer Stärke gelangen.

Viele Menschen versuchen durch eine größtmögliche Anstrengung, durch einen Kraftakt Erfolge zu erreichen. Am Ende fühlen sie sich kaputt und ausgelaugt. Sie missgönnen sich, auf die Art und Weise zu arbeiten und zu leben, die ihr innerer Fahrplan für sie vorsieht. Sie verschwenden Energie, weil sie sich selbst nicht lieben. Die frappierende Lösung lautet deshalb: Was man sucht, hat man eigentlich schon, man hat es nur noch nicht entdeckt. »Alles, worum ihr betet und bittet – glaubt nur, dass ihr es schon erhalten habt, dann wird es euch zuteil«, steht im Markusevangelium. Es geht also um den Glauben an sich selbst. Wer an sich glaubt, dem fällt es wie Schuppen von den Augen: Das also bin ich und das alles kann ich.

Nicht selten finden Menschen den Zugang zu dem eigenen inneren Schatz erst in der zweiten Lebenshälfte. Viele müssen sich und anderen erst beweisen, dass sie in der Lage sind, vermeintlich wichtige Ziele zu erreichen. Nur nach und nach finden sie heraus, was wirklich zu ihnen passt. Bei einem Friseurmeister hat es sich so zugetragen: Richtig glücklich war er in seinem Beruf nie. Doch erst als sein Vater stirbt, der das Friseurgeschäft in der zweiten Generation geführt hat, kann er sich eingestehen, dass er als Friseur aufhören will. Er übergibt den Betrieb an seine beste Mitarbeiterin. Sich selbst erfüllt er einen Jugendtraum. Er kauft sich einen Lastwagen und gründet ein Transportgeschäft.

»Worin bist du der Tüchtigste?«, fragt Mark Aurel. In sich ruhen kann nur derjenige, der sich auf das konzentriert, was er am besten kann und wofür er geschaffen wurde. Das alles heißt: Einen Stand in sich findet der Mensch, der seine Einzigartigkeit entdeckt. Das gilt für Einzelpersonen. Das gilt aber auch für ganze Unternehmen. Jeder kann dort Stabilität finden und kann sich dort am besten weiterentwickeln, wo er selbst zu Hause ist. Um diesen Ort zu finden, bedarf es in Unternehmen keiner extravaganten Strategiefindung, sondern der Selbstbesinnung und der Selbsterforschung.

Tun und Lassen

Im Begriff des Haltes scheint der Vorgang des Anhaltens auf. Um Halt im Leben finden zu können, muss man immer wieder stoppen. Nur wer die Geschwindigkeit herausnimmt und anhält, hat die Muße, sich umzuschauen, sich selbst anzuschauen und sich zu vergewissern: Wo stehe ich? Was will ich? Ein sinnerfülltes und produktives Leben kann nicht in der permanenten Steigerung bestehen. Richtig ist ein Rhythmus aus Arbeiten und Ausruhen, aus Spannung und Entspannung, aus Tun und Lassen.

Schon Vorschulkinder haben heute einen vollen Wochenplan. Das systematische Arbeiten lernt man also schon von Kindesbeinen an. Man lernt in der Schule, sich Stoff anzueignen und Prüfungen durchzustehen, später dann, Ziele zu definieren und zu verfolgen. Es ist deshalb nicht verwunderlich, dass erfolgreiche Menschen sich selbst als Schmied ihres Glückes betrachten. Ihr Einsatz, ihre Willensstärke habe sie nach vorne gebracht, so sehen sie es. Was viele nicht sehen, ist eine ganz andere Seite, nämlich das, was einem mitgegeben wurde, wo man Glück hatte und wofür man gar nichts kann: ein gutes Elternhaus, zur rechten Zeit am rechten Ort gewesen zu sein, die Hilfe eines

Mentors, die Erbanlagen, die guten Geister, die einem im Leben begegnen und einen weiterbringen – viel weiter, als man aus eigenen Kräften gekommen wäre. Jeder kann ja für sich einmal Bilanz ziehen, wie viel er sich im Leben selbst erarbeitet hat und was ihm alles zugefallen ist, wie viel ihm andere zugetragen haben.

Genau besehen ist Erfolg die Summe aus Selbstmachen und Bekommen. Wer nicht zu dieser Einsicht gelangt, wem die Demut fehlt, der tut sich mit dem Lassen schwer; der bleibt in der naiven Annahme, dass alles, was mit ihm und um ihn herum geschieht, aufgrund seines eigenen Ansinnens und Tuns passiert. Er fühlt sich unersetzlich, unentbehrlich. Dadurch verhindert er jedoch mindestens so viel, wie er durch sein Zutun bewirkt. Zum Beispiel, indem er sich selbst zum Maß aller Dinge macht und dadurch anderen bei ihrer Entwicklung im Wege steht.

Leben und Arbeiten in Balance

Der Aktivismus sitzt einem großen Irrtum auf. Denn: Ununterbrochenes Tun und andauernde Geschäftigkeit führen eben zu keinen besseren Ergebnissen. Ein passendes Beispiel liefert der Betriebsleiter eines Chemiekonzerns. Er ist das, was man eine emsige und zuverlässige Arbeitsbiene nennen kann. Wie das bei solchen Menschen so ist, nimmt er alles, was auf seinem Schreibtisch landet, in die Hand und kümmert sich drum. Doch schon von seiner äußeren Erscheinung her wirkt der Betriebsleiter wie jemand, der ein Tonnengewicht auf seinen Schultern trägt. Sein Tonfall ist matt, seine Äußerungen fatalistisch: »Man muss das halt tun.« »Wenn das eine abgearbeitet ist, kommt das andere. Man soll sich da nichts vormachen.« Das Reflexionsgespräch abseits von Schreibtisch und Handy ist ihm nicht angenehm, das ist zu spüren. Er lässt sich aber dann doch darauf ein. Auf die Frage, wie er denn einen Ausgleich zu seinem Arbeitsstress finde, hellt sich sein Gesicht auf: »Fahrradfahren«, kommt es von ganz innen. Doch dann hängt er an: »Wenn ich von der Arbeit nach Hause fahre, denke ich nur: Nichts wie rauf aufs Bike. Doch dann ist da gleich meine Frau und spannt mich sofort im Garten ein. Also nehme ich den Spaten und versetze wie gewünscht den Busch. Das Fahrrad bleibt im Keller. Das Leben ist halt so.« Auf seine Auffassung von Führung und Unternehmensgestaltung angesprochen, erwähnt er, dass er keinen Freiraum für so etwas sehe. Er habe keine Zeit und keine Kraft für solche Angelegenheiten, habe keinen Nerv, sich im Konzern ein Netzwerk aufzubauen oder irgendwelche Zukunftsideen zu entwerfen.

Ein armer Tropf, würde man sagen. Was aber dieser extreme Fall deutlich machen soll, ist eines: Es bringt nichts, sich zum Knecht seiner Arbeit zu machen. Workaholics arbeiten zwar eine Menge weg, klotzen ran, erzielen Ergebnisse. Die Immerarbeiter zahlen dafür aber einen gehörigen Preis. Ihr Gesichtsfeld schränkt sich nämlich immer mehr ein. Der Tunnelblick, das sture Rennen in eine Richtung ermöglicht zwar ein ordentliches Arbeitspensum, weil einfach vieles ausgeblendet wird; in gleicher Weise führt er aber auch zu blinden Flecken. Alles, was nicht zwischen die Leitplanken der Rennstrecke passt, wird gar nicht gesehen. Mit dieser einseitigen Lebensführung geht dann vor allem eines verloren: die Inspiration, neue Eindrücke, der Blick über den Tellerrand. Inspiration heißt wörtlich übersetzt Einatmen. Wer nicht genügend einatmet, das kennt man aus dem Sport, dem wird schwindelig und schwarz vor Augen. Fehlt die Inspiration, so gerät der Mensch in eine Monotonie, in ein graues Einerlei.

Diese Tendenz der Vereinseitigung kann ganz unterschiedliche Ursachen haben. Ein Grund dafür ist das, was als »Überidentifikation« zu bezeichnen ist. Die Identifikation mit seiner Arbeit und seinem Unternehmen ist ja erst einmal eine Kraftquelle. Aber eine Überidentifikation – das Gefühl, ohne einen gehe es nicht, die Überbewertung der Arbeit im Verhältnis zu anderen Lebensbereichen – verhindert den nötigen Abstand zum Alltagsgeschäft. Die Folge davon sind Überreaktionen, eine hohe Reizbarkeit und eine Verengung. Schon kleine Fehler können dann zu Selbstzweifeln und panikartigen Zuständen führen. Menschen, die sich im Gleichgewicht befinden, sind dagegen wesentlich kompetenter, mit Krisen und Belastungen fertig zu werden.

Mit einer einseitigen Leistungseinstellung ist der Schiffbruch fast vorprogrammiert. Dagegen baut eine dauerhaft hohe Leistungsfähigkeit auf einem Leben in Balance auf. Nur wer mit sich selbst im Einklang ist, kann überhaupt ein gesundes Urteilsvermögen entwickeln und komplexe Situationen richtig einschätzen. Wenn das Gespür fehlt, weil der Kopf nicht frei ist, werden schnell falsche Schlüsse gezogen, aus denen eine ganze Kette von Fehlern resultieren kann.

Wie kann man nun aber sein Lebensgleichgewicht austarieren? Folgende Technik kann dazu eine Hilfestellung geben. Die Grundidee ist es, eine Art Schaubild seines Lebens zu entwerfen. Dazu überträgt man seine verschiedenen Lebensbereiche auf ein Blatt Papier. In die Mitte des Blattes schreibt man seinen Vornamen oder groß: ICH. Außen herum werden die Lebensbereiche angeordnet: Familie, Partnerschaft, Beruf, Sport, Kultur, Lesen, Naturerleben, Alleinsein, Musik, soziale Kontakte usw. Um das Ganze grafisch zu verdeutlichen, kann ein Lebensbereich näher am »Ich« stehen oder weiter weg. Was einem letztlich damit bewusst werden soll, ist, dass die Lebensbereiche in einer Wechselwirkung zueinander stehen. Wer seine Partnerschaft vernachlässigt und in eine private Krise abrutscht, kann diese Belastung nicht am Werkstor abstreifen. Genauso gilt: Wer nur die Pflichten des Lebens sieht, seien es berufliche oder familiäre und nicht die Kür, – etwas für sich selbst tun, ausgelassen sein –, der wird leicht missmutig und verdrossen. Das kann es nun auch nicht sein. Mit Blick auf das Lebensschaubild können einem aber noch ganz andere Schräglagen auffallen. Zum Beispiel, dass man mit seinen Karrierebestrebungen die Beziehung zu seinen Kindern aufs Spiel setzt oder wichtige Freunde vernachlässigt.

Die Sorge um Körper, Seele und Geist

Die Lebensbalance stellt sich nicht von allein ein. Man muss sich schon aktiv darum kümmern. Der zeitgenössische Philosoph Wilhelm Schmid geht davon aus, dass man sich richtiggehend darum sorgen muss. Die Sorge muss umfassend sein und betrifft Körper, Geist und Seele. Wenn man sich diesen verschiedenen Seiten des Menschen zuwendet und diesen etwas Gutes tut, dann tut man sich selbst etwas Gutes.

Der Körper ist in einer Welt des Sitzens und der Kopfarbeit fast so etwas wie ein Stiefkind des Menschen geworden. Mehr denn je bedarf es daher der *körperlichen Sorge*. Das Sich-Kümmern um den Körper ist der notwendige Ausgleich zum Sitzen in Autos, in Büros, in Flugzeugen, in U-Bahnen. Die körperliche Sorge soll ein Gegengewicht sein zur Büroarbeit, zum Stress und zum übermäßigen Kaffeekonsum. Die grundlegende Übung der Körperkultur ist die Bewegung. In der körperlichen Bewegung stellt der Mensch eine Beziehung zu sich selbst her, ein Körpergefühl, das ihm als Kopfarbeiter leicht abhanden kommt. Bei einer sportlichen Betätigung spürt man seinen Körper, seine Muskeln, Sehnen und Knochen. Der Körper ist dann gut durchblutet und mit Sauerstoff durchtränkt. Er kann dadurch innere Spannungen besser verarbeiten, herausschwitzen. »Holzfällen«, rät der Schriftsteller Thomas Bernhard in seinem gleichnamigen Werk bei wachsenden psychischen Anspannungen und sozialem Stress.

Das körperliche Training ist ein Lebenstraining. Anstrengung, Überwindung, Ausdauer, Entspannung, aber auch die Genugtuung, es geschafft und den Berg überwunden zu haben – wer diese Phasen physisch durchlebt, stählt sich für die Aufgaben des Lebens. Viele Manager finden im Golfsport eine Möglichkeit, um vollkommen abzuschalten. Beim Gehen von einem Abschlag zum nächsten ist der Körper in Bewegung und die Gedanken sind auf die Vorbereitung des nächsten Ziels hin gebündelt. Körper und Geist sind aufeinander abgestimmt. Auch handwerkliche Tätigkeiten können diesen Effekt haben.

Der gesamte Bereich des Körperlichen wird in der verkopften Welt gern unterschätzt. Wenn man zum Beispiel einen Menschen bei einer Begegnung oder bei einer Ansprache als sehr präsent erlebt, dann ist das nicht nur ein persönlicher Eindruck, es ist vor allen Dingen auch ein körperliches Erleben. Manche Menschen kann man förmlich spüren, wenn sie zur Tür hereinkommen, andere sind wie Luft. Die Ausstrahlung ist etwas Physisches. Ein Unternehmensberater hat dazu folgende Erfahrung gemacht: »Bei einer Konzeptbesprechung mit Kunden kommt irgendwann der Punkt, da muss ich vom Tisch aufstehen. Im Stehen spielen meine Gedanken und mein Körper zusammen. Ich merke dann sofort, wie ich kraftvoller und authentischer auftreten kann.« Auch bei einem Vortrag spielt das Physische eine Rolle. Man kennt das: Theoretisch hergeleiteten Gedanken kann man nur schwer folgen, wenn der Vortragende seine Inhalte aber mit einem konkreten Erleben verknüpft, kommt plötzlich etwas rüber. Geistiges und Sinnlich-Körperliches sind dann nicht getrennt, sondern bilden eine Einheit.

Wie ist es mit der *seelischen Sorge*? Bedeutet das etwa, dass jeder Mensch eine Psychotherapie machen muss? Eher nicht. Viel ist schon gewonnen, wenn Menschen bewusster auf ihr Gefühlsleben achten. Recht bemerkenswert in dem Zusammenhang ist ein Forschungsergebnis. Das Augsburger Beta-Institut hat den Zusammenhang zwischen dem Gefühlsleben von Kindern und späteren Suchterkrankungen erforscht. Dabei ist

Folgendes herausgekommen: Wenn Kinder Gefühle wie Wut, Zorn, Angst oder Freude ausleben und auch besser verstehen lernen, dann ist das die beste Basis, um eine stabile Persönlichkeit herausbilden zu können. Ein souveräner Umgang mit den eigenen Gefühlen bedeutet aber zweierlei: Gefühle weder zu unterdrücken, noch sich davon mitreißen zu lassen. Zentral ist, seine Gefühle erst einmal wahrzunehmen und auch, mit seinen Gefühlen leben zu lernen. Schließlich kann man sich seine Gefühle weder aussuchen, noch kann man sie steuern. Sie kommen über einen.

Mit Gefühlen ist es wie mit einem Gewitter. Erst nähern sich die dunklen Wolken, dann wird der Wind stärker, bis plötzlich Donner und Blitz aus dem Himmel geradezu herausbrechen, bevor das Gewitter dann wieder abzieht. Wer diesen »Gewitterzyklus« kennt und akzeptiert, der kann in einer Gruppe schon mal die Ruhe vor dem Sturm beschreiben und fühlt sich auch nicht verloren, wenn es in einer heftigen Diskussion rund geht und der Regen herabprasselt. Die Philosophin Susanne Langer hat erforscht, wie die Musik mit den Bauelementen der Gefühlswelt arbeitet. Ein Crescendo beschreibt zum Beispiel eine sich aufbauende Emotion: leise, gleitende Töne spiegeln einen emotionalen Zustand der inneren Ruhe und Ausgeglichenheit; hastige Sechzehntel zeigen Aufregung; ein stürmischer Rhythmus drückt ein Gefühl der Euphorie und Angetriebenheit aus. Man kann behaupten, dass der Mensch in der Musik seinem eigenen Gefühlsleben begegnet. Wenn Menschen davon sprechen, ohne Musik nicht leben zu können, dann zeugt das davon, dass Musikhören und Musikmachen seelische Sorge pur ist.

Der angesprochene Gewitterzyklus der Gefühle wurde auch in der seelsorgerischen Arbeit erkannt und weiter differenziert. Im sogenannten Trauerzyklus wurden die innere Funktionsweise und die Grammatik des Gefühlslebens analysiert. Wenn Menschen zum Beispiel vom Tode eines Familienangehörigen oder

Freundes erfahren, tauchen ganz bestimmte Reaktionsmuster auf. Die Nachricht wird am Anfang häufig nicht für wahr gehalten und sogar geleugnet. Nach dem Motto: Es kann nicht sein, was nicht sein darf. Bald stellen sich dann Gefühle wie Wut und Zorn ein. In der nächsten Phase dieses emotionalen Prozesses kann es so weit gehen, dass Menschen zu feilschen beginnen, ob vielleicht doch eine Verwechslung vorliege oder ob der Unfallbericht auch richtig übermittelt wurde. Doch erst wenn die Tatsache akzeptiert und der ganze Schmerz spürbar wird, kann der Seelsorger den Trauernden erreichen. Ähnliche Gefühlszustände sind im betrieblichen Bereich bei Kündigungen oder Konkursen festzustellen. Das heißt: Nur wenn Führungskräfte die Gefühlszyklen kennen, können sie adäquat handeln.

Die *geistige Sorge* setzt noch einmal ganz woanders an. Während nämlich der Körper anfassbar ist und Gefühle spürbar sind, ist das Geistige nicht direkt zu vernehmen. Der Geist kann deshalb auch schwer auf Knopfdruck in Betrieb gesetzt werden. Der Geist weht, wo er will, heißt es in der Bibel. Wer um sein geistiges Leben Sorge trägt, der kann deshalb nichts Besseres machen, als Freiräume herzustellen, in denen der Geist wehen kann. Das hat vor allem mit Zeit und Muße zu tun. Beispielsweise der Vorgang des Lesens: das Lesen ist zweifellos eine geistige Betätigung. Wer aber keine Muße hat, der lässt die Gedanken und Bilder eines Buches nicht richtig auf sich wirken. So werden zwar Inhalte aufgenommen, aber eine eigene geistige Bewegung, eigene Gedanken und Assoziationen entwickeln sich dabei kaum. Die Wirkung des Geistes ist zu merken, wenn das Lesen, das Nachdenken, das Schreiben als erhellend erlebt wurden. Wenn auf einmal Zusammenhänge deutlich werden, wenn man etwas besser verstehen lernt und dabei auf ganz neue Ideen kommt.

Das Geistige ist eigenwillig angelegt. Es steht in einer Wechselwirkung von Leere und Fülle. Das Wenige, die Leere ist die Voraussetzung, um wieder etwas Neues eindringen lassen zu können. Eine Seminarteilnehmerin hat ihre eigene Erfahrung damit gemacht. In der Seminarauswertung blickt sie zurück: »Das Seminar war, als wäre ich Schritt für Schritt heruntergefahren worden, und als genügend Platz in mir war, konnte ich neue Ideen nachfüllen.« Wie Leere und Fülle zusammenhängen, zeigt sich in diesem Prozess des Herunterfahrens und Herunterkommens. Ein sehr beschäftigter Mensch hat einmal gesagt: »Urlaub heißt für mich, herunterzukommen. Ich fahre nicht weg, ich nehme mir nichts Großartiges vor. Ich versuche, mich langsamer zu bewegen als sonst, und liebe es, gemütlich zu kochen, Zwiebeln zu schneiden, aus dem Garten Schnittlauch zu holen, den Tisch zu decken, nach dem Essen sitzen zu bleiben, aus dem Fenster zu schauen. Mit einem ganz einfachen Leben komme ich weg vom Getrieben-Sein.«

Der Begriff »heruntergekommen« weist noch auf etwas anderes hin. Das zeigt das Beispiel des Marketingleiters eines angesehenen Unternehmens, das in einer Kleinstadt ansässig ist. In einem privaten Gespräch schwärmt er erst vom hohen Freizeitwert des Ortes. Wie wichtig dies sei, um gut ausgebildete Mitarbeiter anzulocken. Dann aber schränkt er ein: »Für mich persönlich ist es aber auch manchmal ein Problem, zum Beispiel am Wochenende nicht einfach mal unrasiert zum Bäcker fahren zu können. Viele kennen mich und kennen meine Stellung im Unternehmen. Da kannst du dich nicht einfach so gehen lassen.« Bei der Vorstellung eines »heruntergekommenen« Menschen stellt sich das Bild einer verlumpten Erscheinung ein, »unrasiert«, ungehobelt. Übertragen kann das bedeuten, sich, wie es der Marketingleiter ausdrückt, gehen zu lassen. Vielleicht muss man als Autorität, als Vorbild, als Aushängeschild tatsächlich ab und zu ausbrechen und Etikette und Normen hinter sich lassen; herunterkommen an den Grund seines Daseins, einfach werden, jenseits der Anforderungen und der Zwänge. Oder schlicht: sich bei einem Fußballspiel in die Fankurve einreihen, pfeifen, schimpfen, schreien, anstatt gepflegt und distanziert in der VIP-Lounge bei einem Glas Sekt Small Talk zu betreiben.

Erst ausgehend von dieser Basis ist es dann wieder möglich, aus sich heraus etwas zu schöpfen, originell zu sein, neu zu denken und anders zu handeln.

Rhythmen und Rituale

Im Tun und Lassen zeigen sich ganz unterschiedliche Qualitäten des menschlichen Lebens. Im Tun tritt das Wollen hervor, das Streben, eigene Vorstellungen zu verwirklichen, etwas auszuprobieren und Ziele zu verfolgen. Das Lassen ist das genaue Gegenteil; die Fähigkeit, etwas zuzulassen, etwas aufzunehmen, etwas zu nehmen, wie es kommt, und mit dem zufrieden zu sein, wie es ist und was man hat. In früheren Zivilisationen wurde der rhythmische Wechsel von Tun und Lassen vorgegeben. Die kirchlichen Feiertage wirken heute wie ein Relikt aus dieser Zeit. In der Moderne löst sich diese äußere Lebensordnung mehr und mehr auf. Wenn aber die Gegenkräfte des Lebens, wenn das Tun und das Lassen nicht in Balance sind, dann gerät der Mensch insgesamt aus dem Gleichgewicht. Passend dazu ist ein Vergleich aus der Medizin. Dort gibt es das Krankheitsbild der Spastik. Es tritt dann auf, wenn sich Muskelbeuger und Muskelstrecker nicht in einer ausgeglichenen Gegenkraft befinden. Betrachtet man unüberlegte Entscheidungen in Unternehmen oder hektisch vorgetragene Fusionen, kommt einem das oft verkrampft und spastisch vor. Es fehlt ein Ausgleich aus Aktion und Sammlung.

Die Benediktiner haben den Rhythmus aus Tun und Lassen zur Lebensformel gemacht: *ora et labora*, bete und arbeite. Beten kann dabei als das Loslassen von sich selbst verstanden werden. Genauer besehen, heißt es in der Benediktsregel sogar: *ora et labora et lege*, bete und arbeite und lese. Im Kloster ist eine feste

Zeit für die *lectio divina*, die heilige Lesung, eingeplant. Jeden Vormittag hat der Mönch etwa eine Stunde Zeit, um sich einem Text zu widmen. Ein fester Tagesplan regelt den Rhythmus aus Arbeits-, Essens- und Gebetszeiten. Um zwölf beispielsweise schlägt die Uhr zur Mittagshore, einem kurzen Mittagsgebet. Die Regel sieht dafür folgende Anleitung vor: Lasse dein Arbeitswerkzeug aus der Hand fallen und ziehe dich zurück. Übersetzt kann das bedeuten: Lasse die Arbeit jetzt für eine Weile los! Und schaue, dass die Arbeit dich loslässt! Wer sich am Mittag eine Viertelstunde Zeit nimmt, um loszukommen, um herunterzukommen, der erfährt, wie effizient dies ist. Man geht wieder frischer, unbelasteter an die Arbeit heran, kann besser zuhören, wird Menschen und Sachen gerechter. »Wer immer du bist« – Benedikt schreibt dies im ersten und im letzten Kapitel seiner Klosterregel –, ein ausgewogener Arbeits- und Lebensrhythmus ist für jeden Menschen von Bedeutung.

Menschen brauchen Rituale, das lässt sich aus der Benediktsregel lernen. Jedoch muss heute jeder seine Rituale selbst entwickeln. Ein Versicherungsmanager hat dabei folgende Erfahrung gemacht: »Mir ist in den letzten Jahren aufgefallen, dass ich zwar erfolgreich bin und immer mehr verdiene, dass aber dabei meine Lebensqualität eher schlechter als besser wird. Ich habe mich also an meine Studentenzeit zurückerinnert, schließlich hatte ich das Studentenleben sehr genossen. Dabei ist mir aufgefallen, dass ich ganz besonders die unendlichen Stunden in den diversen Cafés liebte. Also habe ich mir einen festen ›Cafétag‹ eingerichtet. Jeden Donnerstag bin ich vormittags von neun bis elf Uhr in einem Café. Meine Sekretärin weiß Bescheid, der Blackberry ist aus, ich lese Zeitung oder ein Buch, schaue auf die Straße, beobachte Menschen. Mein Donnerstagvormittag ist mir heilig geworden.« Hätte sich der Versicherungsmanager kein festes Ritual geschaffen, wäre am Donnerstagvormittag gewiss nie Zeit, um ein Buch zu lesen oder Menschen zu beobachten.

Genauso geht es Paaren, die davon sprechen, wieder einmal ins Theater zu gehen, und es dann doch nicht tun. Der Geschäftsführer eines großen Bauunternehmens hat sich mit seiner Frau genau aus diesem Grund einmal in der Woche einen »Elterntag« eingerichtet. Die Kinderbetreuerin kommt um sechs Uhr abends und die Eltern gehen aus.

Auch Gemeinschaften brauchen Rituale. In Bayern gibt es in vielen Unternehmen den Brauch des freitäglichen Weißwurstessens. Abwechselnd besorgt einer eine Tüte voll mit Weißwürsten und alle kommen zusammen. Es wird über das Sportereignis des Wochenendes gesprochen, über dieses und jenes, aber natürlich auch über die Arbeit, über Kunden, Telefonate und Ereignisse im Büro und im Außendienst. Die Managerin eines amerikanischen IT-Unternehmens hat ein »Thank-God-It's-Friday« eingeführt. »Auch wenn nicht immer alle da sind«, so ihre Erfahrungen mit dem Freitagsritual, »unser Treff ist eine feste Einrichtung geworden und ein Fixpunkt, um mitzubekommen, was bei den anderen gerade so los ist.«

Von dem Philosophen Hans-Georg Gadamer stammt der Ausspruch: »Die Menschen brauchen neben der Arbeit auch das Fest. Denn die Arbeit teilt uns, das Fest aber vereint uns.« In der arbeitsteiligen Gesellschaft sitzt jeder vor seinem Computer und der informelle Austausch kommt zu kurz. Leicht treten dann Konkurrenzempfinden, Konflikte und Missverständnisse auf und treiben in den Arbeitsprozess einen Keil. Das Fest ist Ausdruck des launigen Miteinanders, des Lachens und Redens. Jeder hat das schon erlebt, dass Spannungen und Reibereien in einer launigen Runde vergessen gemacht werden konnten, man kommt wieder zusammen. Tiefere Konflikte können damit sicher nicht überwunden werden, sondern bedürfen einer gründlichen Bearbeitung. Aber solche Gemeinschaftsrituale helfen dem Menschen, Mensch zu bleiben und nicht aufgesogen zu werden von Sachzwängen. Ganz praktisch betrachtet lassen

sich zum Beispiel mit einem Teamkalender Jahresrituale fest-
legen: der Jahresauftaktempfang im Januar, die Teamklausur im
Juli, der Volksfestbesuch im Herbst, das gemeinsame Frühstück
einmal im Monat, das Grillfest.

Das Anhalten gehört zum Menschsein genauso wie das Be-
schleunigen und das Unterwegssein. Das geht schon los beim
Start in den Tag: Hetzt man in den Tag oder achtet man darauf,
in Ruhe eine Tasse Tee zu trinken? Rast man quer durch die
Zeitung, um am Ende nur aufgewühlt zu sein und nichts erfahren zu haben, oder nimmt man sich die Zeit, einen Artikel
gründlich zu lesen? »Am Morgen eine gute Tasse Tee und der
Leitartikel« – so könnte ein Ritual heißen. Auch der Tagesaus-
klang gelingt mit Ritualen besser; zum Beispiel in Form einer
»Tagesnachbereitung«. Man nimmt sich zehn Minuten am Ende
das Arbeitstages, kurz bevor man das Büro verlässt, und lässt
den Tag Revue passieren: Was ist gut gelaufen? Wo ist noch
etwas offen geblieben? Wichtig ist es, den Arbeitstag positiv ab-
zuschließen: Was habe ich geschafft? Wo bin ich einen Schritt
weitergekommen? Auch beim Übergang vom beruflichen in
den privaten Raum kann ein Ritual gute Dienste leisten. Die
Situation des abendlichen Nachhausekommens ist oft kritisch,
weil alle Familienmitglieder mit ihren eigenen Tageseindrü-
cken beschäftigt sind und es leicht zu Spannungen kommen
kann. Hilfreich sind kleine Rituale des Zusammenkommens,
ein zehnminütiger Familienrat etwa. Man streckt sich auf dem
Sofa aus und plaudert ein wenig, was bei jedem am Tag so los
war.

Verändern üben

Das Leben ist als ein permanenter Wandlungsprozess zu begreifen. Doch betrachtet man biologische, gesellschaftliche und
ökonomische Entwicklungen genauer, so verlaufen diese nicht
linear. Es gibt Phasen des Übergangs und Phasen der Konsoli-

dierung. Eine wesentliche kulturelle Funktion von Religion war es zu jeder Zeit, Formen und Rituale für die Übergänge im Lebenslauf zur Verfügung zu stellen. Die Taufe gibt dem Eintritt ins Leben einen feierlichen Rahmen, die Firmung bzw. die Konfirmation steht an der Schwelle, an der die Kindheit zu Ende geht. Mit der Hochzeit übernimmt der Mensch, traditionell betrachtet, ein eigenständiges Leben und die Trauerfeier bezeichnet den Übergang vom Diesseits ins Jenseits. Übergänge sind unsichere Zustände, und die kulturellen Formen helfen dem Menschen, diese auszuhalten und zu gestalten.

Ein gutes Modell für die Gestaltung von Übergangszeiten ist auch die Fastenzeit. Die Wochen vor Ostern und vor Weihnachten, zwei typische Fastenzeiten, fallen in den Übergang vom Winter in das Frühjahr und vom Herbst in den Winter. Der Körper stellt sich in dieser Zeit um. Fasten hat einen geistigen und einen gesundheitlichen Aspekt. Das Fasten zeigt, wie man mit Umbrüchen umgehen kann. Zum einen: Es ist ein Ritual. Rituale verschaffen Vertrautheit inmitten der Wechselfälle des Lebens. Man nimmt sich am Aschermittwoch für sechs Wochen etwas vor. Im nächsten Jahr kann es etwas anderes sein, aber Zeitpunkt und Vorgehensweise sind festgelegt. Zum anderen heißt Fasten: Gewohnheiten bewusst verlassen. Zum Beispiel, indem auf das Glas Wein am Abend verzichtet wird oder der Fernseher aus bleibt oder man einfach früher als sonst ins Bett geht. Askese ist eine Übung der Veränderung. Wenn man eine gewohnte Handlung weglässt, dann passiert etwas. Jeder kann diese Erfahrung machen. Es stellen sich andere Gedanken ein, man schaut die Welt mit anderen Augen an, man macht neue Erfahrungen.

Wenn heute vieles im Umbruch ist, dann können auch hier Übungen der Veränderung helfen. Zu diesem Schluss kommt auch Peter Sloterdijk in seinem Essay ›Du musst dein Leben ändern‹. Dem Menschen bleibe nach Sloterdijk angesichts einer in jeder Hinsicht fragwürdig gewordenen menschlichen Zivilisation nur eines: tägliches Üben für eine bessere Welt. Der Einzelne kann allein die Welt nicht verbessern, aber er kann sich persönlich verändern. Übungsanleitungen finden sich in den Schriften geistiger Vordenker.

Geistige Übungen

Die Balance aus Beständigkeit und Wandel ist ein uraltes Thema der abendländischen Philosophie; und zwar nicht nur als theoretische Frage, sondern als Lebensform. Darauf weist der französische Philosoph Pierre Hadot hin. Die Ziele dieser Lebensform sind: die Erlangung von Seelenfrieden (*ataraxia*) und innerer Freiheit (*autarkia*). Innere Unabhängigkeit und Stabilität ergeben sich nicht von selbst. Sie sind das Ergebnis einer permanenten Arbeit des Ichs an sich selbst. Die methodische Grundlage dafür sind die Exerzitien, die geistigen Übungen.

Die Basisübung der Exerzitien ist die Kontemplation: ein ruhiges Sitzen, tiefes Atmen und Verweilen. Das Gehirn wird auf Durchzug gestellt. Kontemplation ist Sammlung, gar nicht so sehr Konzentration. Man konzentriert sich beispielsweise, wenn man ein Konzept entwickelt oder eine Rechnung noch einmal durchgeht. Sammlung ist etwas anderes. Sich zu sammeln, heißt, ganz da zu sein.

Der Begriff der Kontemplation kommt vom lateinischen Wort *contemplari*, anschauen, beobachten. Was hier gemeint ist, kann man zum Beispiel auf einen Spaziergang anwenden. Da ist es häufig so, dass man seinen Gedanken nachhängt oder dass man mit einem bevorstehenden Ereignis beschäftigt ist. Ein kontemplativer Spaziergang würde so aussehen, dass man sich ganz in der Unmittelbarkeit aufhält, dass man die Bäume ansieht, die Blätter, die Wolken.

Das Schauen ist der Kerngedanke der geistigen Übungen. Schauen bedeutet, nicht zu interpretieren, sondern die Dinge auf sich wirken zu lassen. Besonders hilfreich ist dafür das, was die antiken Philosophen den »Blick von oben« nennen. Wer in die Berge geht, kennt das Gefühl, wenn man sich Meter für Meter vom Alltag entfernt und nach einer gewissen Zeit des Aufstiegs an einen Aussichtspunkt gelangt, von dem aus das Tal wie ein Ameisenhaufen aussieht. Aus der Vogelperspektive mit Blick auf größere inhaltliche und zeitliche Zusammenhänge relativiert sich vieles. Wichtiges und weniger Wichtiges sind besser zu unterscheiden. Ein Unternehmer erzählt, wie er auf diese Weise eine Entscheidungsmethodik gefunden hat: »Ich bin mit Leib und Seele Unternehmer, und dennoch haben mich die großen Entscheidungen wie etwa Zukäufe oder die Trennung von Mitarbeitern immer übermäßig viel Kraft gekostet. Das ging so lange, bis ich mich eines Tages hingesetzt habe, um über mein Leben insgesamt nachzudenken. Ich habe mir überlegt, was mir wichtig sein könnte, wenn ich mein Leben vom Ende her betrachte. Alles, was mir dazu eingefallen ist, habe ich aufgeschrieben und mir einen Wertestrahl, wie ich als Ingenieur das nenne, angelegt. Auf der linken Seite dieses Strahls steht das Wichtigste und dann folgen die weiteren Werte nach rechts. Vor einer wichtigen Entscheidung schaue ich auf meinen Wertestrahl und finde damit immer eine gute Lösung. Bei einer größeren finanziellen Transaktion schaue ich zum Beispiel: Kann ich damit noch gut schlafen? Gesundheit steht in meiner Werteskala nämlich sehr weit links. Oder wenn es um einen Mitarbeiter geht, mit dem es Probleme gibt, dann frage ich mich: Passt der in unsere Unternehmenskultur?«

Man kann nur das gut, was man ständig wiederholt. Das ist mit geistigen Tätigkeiten nicht anders als mit Handfertigkeiten. Nur wer regelmäßig seine geistigen Übungen macht, dem bringen sie auch etwas. Welche Übung der Einzelne exerziert, ist zweitrangig. Es kann das Sitzen in der Stille sein, eine Textlektüre, die Tagesreflexion anhand eines Wertestrahles, ein Ge-

bet, ein meditativer Spaziergang. Entscheidend ist der Akt des Sich-Sammelns und des Übens selbst.

Die Lebensfreude

Der Gradmesser für ein richtiges, für ausbalanciertes Leben braucht, Epikur zufolge, nicht lange gesucht zu werden. Es ist ganz einfach die Freude am Dasein. Wer sich am Leben nicht erfreuen kann, der lebt schlicht verkehrt. Entweder läuft man dann Zielen hinterher, die ganz offenbar keinen Wert haben, oder man fürchtet sich vor etwas, wozu es gar keinen Grund gibt.

Die Süße des Lebens

Freude ist etwas anderes als Spaß. Spaß ist wunderbar, aber Freude ist mehr. Wenn sich jemand berufliche und private Ziele setzt, dann hat er Freude daran, sich diesen Zielen anzunähern, auch wenn der Weg steinig und hart ist. Wer Kinder aufzieht oder ein Unternehmen aufbaut, der hat nicht jeden Tag Spaß. In schwierigen Phasen schläft er schlecht, macht sich Sorgen und hat jede Menge Ärger. Dennoch aber hat er Freude, weil er sieht, wie etwas wächst und Form annimmt. Die Freude ist gleichzusetzen mit einer tiefen Zufriedenheit mit dem, was man sich vorgenommen hat, und mit dem, was man daraus macht. Wenn jedoch die Freude verloren geht – die Freude an der Partnerschaft, am Beruf, an einer Führungsaufgabe, die Freude am eigenen Leben –, dann ist die höchste Alarmstufe angesagt. Dann ist es höchste Zeit, sein Leben ganz grundsätzlich zu verändern.

Bei Arbeitsteams kann man sehr gut sehen, was die Freude am gemeinsamen Tun bewirkt. Teams, in denen gescherzt und gelacht wird, geht vieles leicht von der Hand, was bei anderen so mühevoll wirkt. Untersuchungen zeigen, dass Menschen nicht vom vielen Arbeiten ausbrennen und krank werden, sondern vom Malochen, vom freudlosen Abarbeiten. Die sogenannte Shape-Studie weist einen deutlichen Einfluss von Wertschätzung am Arbeitsplatz auf die Gesundheit der Mitarbeiter und auf berufliche Spitzenleistungen nach. Der Grund dafür ist evident: Wertschätzung steigert die Lebensfreude und damit die Lebenskraft.

Auf einem Kongress hat ein Psychotherapeut einmal ein Grundproblem geschildert, das sehr viele seiner Klienten haben. »Sie können die Süße des Lebens nicht schmecken«, berichtet er. Er erläutert dies näher: »Die Süße des Lebens bedarf keiner großartigen Ereignisse und Erfolge. Champagner oder Schokolade sind in den meisten Fällen ein Ersatz für fehlende Süße. Die Süße des Lebens kann geschmeckt werden, wenn man am Morgen die Jalousien am Schlafzimmerfenster aufzieht und die Sonnenstrahlen fallen einem auf das Gesicht.« Diese Liste lässt sich fortsetzen. Die Süße des Lebens kann man schmecken, wenn man zuhört, wie die eigenen Kinder fröhlich trällern; wenn man seine Mitarbeiter beobachtet, wie sie mit Eifer an etwas arbeiten; wenn sich ein Kunde für die gute Zusammenarbeit bedankt. Wer die Süße des Lebens aber nicht schmeckt, für den ist das Leben bitter.

Freude ist nicht laut, nicht grell, sie fühlt sich hell und warm an. Freude empfinden Menschen, wenn sie unterwegs sind zu einem sonnigen Ort. Das kann man wörtlich verstehen. Dann ist es die Vorfreude auf einen Urlaub im Süden. Der sonnige Ort, das sonnige Ziel kann im übertragenen Sinne aber auch ein beruflicher oder privater Plan für die Zukunft sein. Etwas erreicht zu haben, das ist schön. Die Freude speist sich aber noch mehr aus einem Vorhaben. Freude ist vor allem Vorfreude. Dieser Zusammenhang ist auch in der Psychopathologie bekannt. Menschen, denen immer auf der Stelle jeder Wunsch erfüllt worden ist, neigen zu Lebensüberdruss. Als glücklich empfinden sich dagegen Menschen, die sich auf etwas freuen und auf etwas hinarbeiten.

Menschen können sich in jeder Lebensphase etwas vornehmen. Tun sie es nicht, verschwindet die Spannung, das Leben wird schlaff und langweilig. Vergnügungen verschaffen Lustgewinn. Freude ist jedoch viel mehr. Freude ist die innere Gewissheit, sinnvoll zu leben. Dazu bedarf es sinnvoller Ziele. Ein erfolgreicher Manager zum Beispiel hat am Übergang zu seiner Rente begonnen, sich für soziale Projekte in Indien einzusetzen. Er hilft mit, Kinder aus den Fabriken herauszuholen und ihnen eine Schulbildung zu ermöglichen. Er nutzt seine internationalen Erfahrungen und Beziehungen, sein Wissen und seinen vollen Geldbeutel, um Menschen zu helfen. Wenn er von seinen Projekten erzählt, strahlt er und ist die Freude selbst.

Genussfähigkeit

Wem das Leben ein Vergnügen ist, der scheint einiges richtig zu machen. Das Leben zu genießen ist eine Kunst. Es ist vor allem eine Sinneskunst. Der Genießer verfeinert seine Sinne, er begibt sich auf eine Entdeckungsreise, erkennt immer mehr Details und geht darin auf. Wie aber ist das mit der Genussfähigkeit und den fünf Sinnen genau?

Wenn aus einem Anblick eine Augenweide wird, dann sagt das etwas über den *Sehgenuss* aus. Man verweilt mit seinem Blick, erfreut sich an der Schönheit der Natur, einer Frau, eines Mannes, einer Bewegung, eines Gemäldes, eines Panoramas; erforscht Feinheiten, entdeckt Formen, Farben, Übergänge, Nuancen. Ob man Kindern beim Spiel zuschaut, in den Gassen eines historischen Stadtkerns flaniert, vom Wind umspielte Segelschiffe in einem Hafen auf sich wirken lässt, eine besondere Briefmarke mustert, im aufmerksamen Sehen ist man ganz bei sich selbst und auf freudige Weise mit der Welt um sich herum verbunden.

Noch tiefer als das Sehen dringt das *Hören* in den Menschen ein. Beim intensiven Anhören eines Musikstücks kommt es zu einer inneren Resonanz. Die Stimme, das Orchester schwingt im eigenen Körper. Der Musikliebhaber geht mit der Musik mit und ist von ihr erfüllt. Der Hörgenuss ist für den Menschen in besonderer Weise eine Erfüllung, weil das Akustische ganz physisch in jeder Zelle des Körpers schwingen kann.

Der *Tastsinn* ist der allererste Sinn, mit dem Menschen ihre Umgebung wahrnehmen. Schon im Mutterleib »trainieren« Föten ihren Tastsinn, der das Fundament unserer gesamten Wahrnehmung bildet. Einsamen Menschen fehlt die Berührung, das Streicheln, die Umarmung. Berührung baut Ängste und Kummer ab. Wenn Kinder traurig sind, hilft am allerbesten, sie in den Arm zu nehmen. Ohne ein Wort geht es ihnen gleich besser. Auch das bewusste Anfassen und Betasten von Materialien, von Holz, von Sand, von Stoff, das Barfußgehen auf Gras, Asphalt, Kies, das Spüren der Sonne, des Windes auf der Haut ist eine ganz eigene Wahrnehmung und eine ganz eigene Form des Genusses, des Sich-lebendig-Fühlens und der Lebensfreude.

Der *Geruchssinn* ist bei der Geburt bereits voll ausgereift. Es kommt deshalb nicht von ungefähr, dass man beim Geruch von Heu in der warmen Sommersonne plötzlich an einen Sommertag seiner Kindheit denkt. Riechgenuss ist Wonne: der Geruch eines Nadelwaldes, der Geruch von feuchtem Laub im Herbst, der süße Geruch eines Kinderkopfes, der Geruch von Holzfeuer, von Wein, von Haut, von Blüten, von Meer, der Duft von Kräutern im winterlichen Moor. In den künstlichen Umgebungen der Städte und Büros schaltet der Geruchssinn auf null. Den Riechgenuss sollte man sich deshalb ebenso bewusst organisieren, wie man sich hinsetzt und eine gute Musik einlegt.

Dass Essen und Trinken eine Freude ist, davon braucht man die meisten Menschen nicht zu überzeugen; vielleicht muss man eher daran erinnern, ein Mahl wirklich zu begehen, sich Zeit zu nehmen, in ein ausgesuchtes Restaurant zu gehen oder

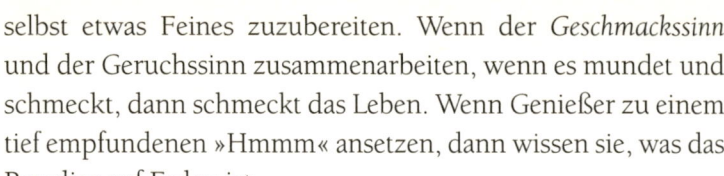

selbst etwas Feines zuzubereiten. Wenn der *Geschmackssinn* und der Geruchssinn zusammenarbeiten, wenn es mundet und schmeckt, dann schmeckt das Leben. Wenn Genießer zu einem tief empfundenen »Hmmm« ansetzen, dann wissen sie, was das Paradies auf Erden ist.

Freundschaft

Die Freude steht in unmittelbarer Nähe zur Freundschaft. Wenn die Menschen eine Atmosphäre ohne Neid und Konkurrenz herstellen und in echter Verbundenheit einander das Beste wollen, dann trägt das mehr zum Glück bei als alles andere. Echte Freundschaft zeigt sich besonders in einem: für den anderen das zu wollen, was wirklich für den anderen das Beste ist. »Ich wünsche Dir das, was Du Dir selbst am meisten wünscht«, schreibt man einem guten Freund in die Geburtstagskarte. So ist es auch mit einem Ratschlag. Ein wirklich freundschaftlicher Ratschlag setzt tatsächlich beim anderen an und legt nicht bloß die eigene Weltsicht dar.

In seiner großartigen Beschreibung der Freundschaft hebt der Aufklärer Adolph Freiherr von Knigge Freundschaften hervor, die in früher Jugend geschlossen wurden. »Man ist da noch weniger misstrauisch, weniger schwierig in Kleinigkeiten; das Herz ist offener, geneigter sich mitzuteilen, sich anzuschließen; die Charaktere schließen sich leichter zusammen.« Freundschaft ist: sich mit einem anderen Menschen einig fühlen, nicht nur sachlich, sondern auch menschlich und emotional. Diese Vertrautheit zeigt sich zum Beispiel im Humor. Wenn Menschen in der gleichen Gegend aufgewachsen sind oder wenn Menschen immer viel zusammen waren, haben sie oft auch einen verwandten Humor. Zudem entwickelt man am ehesten Freundschaften mit den Menschen, die einen ähnlichen Humor haben wie man selbst. Und zeigt sich tiefes Verständnis und Freundschaft nicht gerade in dieser blitzschnellen inneren Übereinstimmung, wie sie im spontanen herzlichen Lachen über eine Begebenheit, eine Zuspitzung zum Ausdruck und zum Ausbruch kommt?

Im gesellschaftlichen und im geschäftlichen Leben werden Freundschaften teilweise als hilfreiche Bündnisse geschmiedet. Das Nutzenkalkül steht dabei meist über der Freude. Freundschaft ist jedoch nicht wirklich strategisch planbar. Sie entwickelt sich in der Freude am ungezwungenen Beisammensein, am freizügigen Reden, am Sinnieren, am vertrauten Beraten, an der Lust des gemeinsamen Blödelns und Lachens.

Wer seine Freundschaften nicht pflegt, der verarmt an einer Stelle, die durch nichts zu ersetzen ist. Es ist die Stelle, an der der Mensch die Vertrautheit mit anderen Menschen braucht, um mehr zu sein als ein gut organisiertes Ego. Freundschaft ist mehr als ein geneigtes Miteinander. Ein guter Freund ist auch unbequem und schenkt einem, wenn nötig, reinen Wein ein. Dies ist der Gipfelpunkt der Freude: Wenn sich ein anderer für einen einsetzt und dabei die Komfortzone überschreiten kann, weil es die Freundschaft aushält.

Wer dem modernen Glaubensbekenntnis des Höher-schneller-weiter besinnungslos nachrennt, gerät unter die Räder. Wer vollgestopft ist mit Beschäftigungen, mit Verpflichtungen, bei dem läuft das Fass leicht über und er hat nicht genügend inneren Freiraum, um umsichtig in schwierigen Situationen zu reagieren. Wie voll ist Ihr Gefäß? Wie gehen Sie vor, um ein Leben in Balance zu führen? Ein gutes Maß für die eigene Balance ist die Fähigkeit, wach für den Augenblick zu sein. Üben Sie sich im Aufmerksamsein: in Gesprächen, beim Anhören eines guten Beitrags im Radio, in Beziehungen, auf Reisen. Ihre Mitmenschen spüren, ob Sie präsent sind. Wenn Sie körperlich und geistig

präsent sind, entfaltet das eine starke Wirkung. Erneuerung bedarf der Wachheit. In intensiven Gesprächen ist etwas von dem zu spüren, was man innere Erneuerung nennen kann. Die innere Erneuerung ist die entscheidende Kraft der Veränderung. Veränderung kann nicht aufgesetzt werden. Veränderung basiert auf einer Auseinandersetzung mit sich und mit anderen und damit auf Konfliktfähigkeit. Wie geht es Ihnen damit? Stellen Sie sich Auseinandersetzungen? Veränderung geht immer mit dem Betreten von unsicherem Gelände einher. Deshalb ist es so wichtig, auf die innere Stabilität zu achten. Einen Halt in sich selbst finden Sie, wenn Sie im guten Kontakt zu sich selbst stehen, zu Ihrem Gefühlsleben, zu Ihrem Körper und zu Ihrer geistigen Seite. Üben Sie sich im Lassen. Übergeben Sie Tätigkeiten an andere. Lassen Sie etwas ausfallen: den Abschlusskommentar bei der Besprechung, das regelmäßige Fernsehen, die abendliche Arbeitseinheit. Tun Sie stattdessen einfach einmal: nichts, oder hören Sie sich ein Hörspiel an oder rufen Sie einen alten Freund an. Günter Eich, der auch viele Hörspiele geschrieben hat, hat einmal geraten: Tue das Unnütze!

10. Auf dem Weg zur Wertekompetenz: ein moderner Fürstenspiegel

Die Kultur des Veränderns fußt auf dem Prinzip der Balance, aber vor allem auf einem neuen Verständnis von Führung. Unsichere Zeiten, Übergänge, Umbrüche können nur dann gemeistert werden, wenn die Eliten nicht nur fachliche Eliten sind, nicht nur Machteliten, nicht nur mediale Eliten, sondern echte Führungseliten. Es werden Führungskräfte mit einer besonderen Qualität benötigt, Führungskräfte mit Wertekompetenz.

Dass Fachwissen allein nicht ausreicht, um Menschen zu führen, ist lange bekannt. Seit den 1970er-Jahren ist von der sozialen Kompetenz die Rede. Es wurde deutlich: Wenn Führungskräfte ungenügend kommunizieren, sind komplexere Arbeitssysteme nicht zu verwirklichen. Seit dieser Zeit haben Vielfalt und Veränderungsgeschwindigkeit in Organisationsabläufen stark zugenommen. Dies wirkt sich auf die Kompetenzanforderungen von Mitarbeitern und Führungskräften aus. Führen heißt heute vor allem: die stete Veränderung von Unternehmen zu leiten und zu begleiten.

Wie kann ein kompetenter Umgang mit Veränderung aussehen? Von welcher Kompetenz kann man in diesem Zusammenhang überhaupt sprechen? Einen Hinweis liefert ein Vergleich aus der Physik. Dort ist folgende Gleichung bekannt: Je stärker die Zentrifugalkräfte wirken, desto stärker müssen die Zentripetalkräfte, die Innenkräfte, mobilisiert werden, um ein System stabil zu erhalten. Übersetzt könnte man sagen: Je mehr Veränderungskräfte wirken, desto intensiver müssen die Innenkräfte eines Unternehmens, die gemeinsame Identität, der Zusammenhalt, die Identifikation mit den Zielen, aktiviert werden. Die Fragen, die dabei beantwortet werden müssen, sind Wertefragen: Was ist wichtig? Worauf kommt es an? Wie ist unser

Selbstverständnis? Wertekompetenz bedeutet, diese Fragen in der Selbstreflexion und in der Reflexion von Mitarbeitern und Teams gekonnt behandeln zu können.

Viele Unternehmen haben Wertekonzepte entwickelt: Leitbilder, Verhaltenskodices, Führungsprinzipien. Zwischen Theorie und Praxis klafft aber häufig eine große Lücke. Um Werte wie »Respekt« oder »Selbstverantwortung« wirklich zu leben und das Potenzial einer solchen Wertekultur auszuschöpfen, ist eine Verinnerlichung der Werte und ein großes Handlungsrepertoire nötig.

Wertekompetenz meint dann nicht nur den bewussten Transfer der beschriebenen Werte in die Praxis. In der Kompetenzpyramide stellt sie die höchste Kompetenzstufe speziell von Führungskräften dar. Die Basiskompetenz bilden fachliche und methodische Fähigkeiten, darüber liegt die soziale Kompetenz, verbunden mit persönlichen Kompetenzen wie der Entscheidungsfähigkeit oder dem Selbstmanagement. Je höher eine Führungskraft in der Hierarchie angesiedelt ist, umso wichtiger wird die Wertekompetenz. Diese kann mit vier Kennzeichen beschrieben werden. Erstens: der Achtsamkeit – dem Gespür für unterschiedliche Werthaltungen. Zweitens: der Sinnerschließung – der Fähigkeit, das Einzelne in ein Ganzes einzuordnen. Drittens: der Glaubwürdigkeit – der persönlichen Verkörperung von Werten. Viertens: der Rückbindung – dem Vermögen, Menschen auf ein gemeinsames Ziel hin zusammenzuführen. Diese Aufstellung einzelner Wertekompetenzen kann als ein moderner Fürstenspiegel betrachtet werden; ein Werkzeug für das Vorleben von Werten und für die Gestaltung einer Kultur des Veränderns. Was heißt das im Einzelnen?

Die Kompetenzpyramide

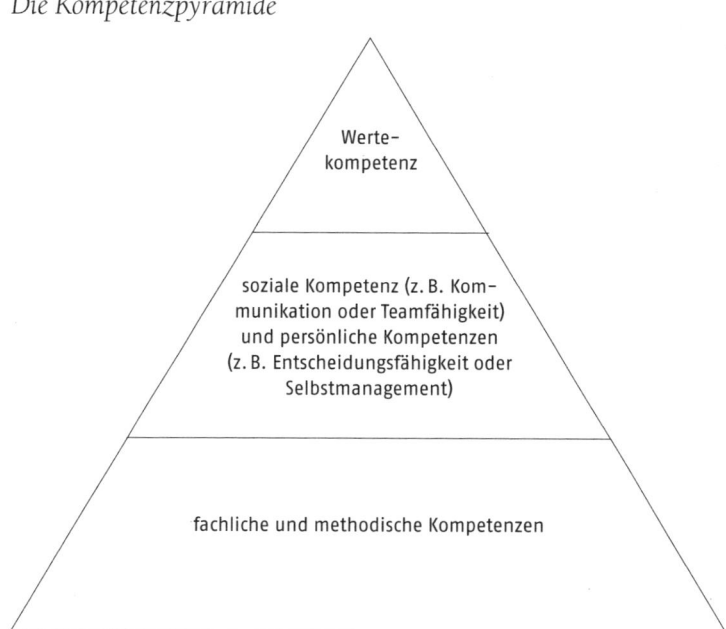

Die Achtsamkeit

Ein Fürstenspiegel fordert dazu auf: Schaue dich an, überprüfe dich selbst. Andere führen kann nur der, der sich selbst zu führen, selbst zu reflektieren, selbst zu ändern vermag. Mark Aurel spricht von der Selbstermahnung: Liege ich richtig? Habe ich alle an Bord oder habe ich Einzelne übersehen? Sende ich die richtigen Botschaften oder kommt etwas Falsches an? Bei der Selbstreflexion ist zu fragen: Wie richte ich mich aus? Wie stelle ich mich meinen Aufgaben? Zugleich ergibt sich die Frage: Kann ich das? Kann ich Menschen begreifen, erreiche ich sie? Kann ich verstehen, wie sie »ticken«, wie sie »gestrickt« sind, was dem Einzelnen wertvoll und wichtig ist?

Die Achtsamkeit ist die grundlegende Wertekompetenz.

Ohne die nötige Sensibilität für Menschen kann eine Führungskraft vielleicht Ansagen machen, ein interaktiver Prozess, ein
Dialog ist jedoch nicht möglich. Achtsamkeit ist das Gespür
für andere. Genau genommen beginnt sie jedoch schon früher.
Nämlich bei dem Gefühl für sich selbst. Schon mit der Frage,
wie es einem im Moment geht, tun sich manche schwer.

Die Wertekompetenz baut auf einer persönlichen Werteana-
lyse auf: Was ist mir wichtig? Was brauche ich, um für mich ein
gutes Leben führen zu können? Wenn Menschen vor sich selbst
davonlaufen, können sie nicht wertekompetent sein. Im Gegenteil: Sie sind wertevergessen, selbstvergessen und in diesem Zustand oft selbstversessen. Das zeigt sich, wenn sie vor allem äußeren Erfolgen nachjagen. Ihnen fehlt der innere Ankerpunkt,
der innere Halt. Sie können nicht anhalten und sich sortieren;
nicht herunterkommen und ein Gefühl für sich erlangen. In diesem losgelösten Zustand ist es schwer, für sich und für andere
Orientierung zu schaffen und zu deeskalieren, wenn die Wogen
hochschlagen. Die Selbstvergewisserung mündet in die Selbst-
beschreibung seiner Haltung als Führungskraft.

Überprüfe die innere Haltung

Wer Führung kultiviert, durchdringt, verfeinert und nicht bloß
spontan reagiert, der betrachtet als Erstes seine grundsätzliche
Einstellung zum Führen. Er schaut in den Spiegel und fragt
nach seinem wesentlichen Auftrag. Bernhard von Clairvaux
bringt diesen in seinem Brief an den Papst auf den Punkt: »Sie
haben Dich zum Anführer gewählt, aber nicht für Dich, sondern
für sich.« Wer in den Spiegel schaut, der muss sich fragen: Will
ich das überhaupt? Will ich meine ganze Kraft dafür verwenden,
Mitarbeiter zu entwickeln, oder will ich lieber Fachaufgaben
lösen, Abschlüsse bei Kunden machen oder strategische Ana-
lysen betreiben? »Wer würde mich wählen?«, kann man sich
im Anschluss an die klösterliche Tradition Bernhards wie in

einem Gedankenexperiment fragen. Oder anders gesagt: Was haben andere von mir? Führen ist die Dienstleistung, andere erfolgreich zu machen.

Wer sich selbst studiert und seine Haltung prüft, dem fallen auch eigene Fehlhaltungen auf. Die sieben Todsünden liefern ein hilfreiches Raster, um sich gezielt zu korrigieren: Wirke ich hochmütig und stolz – heißt: Trete ich arrogant auf und erzeuge dadurch Distanz zu anderen? Was kann ich stattdessen tun, um mich nicht abzulösen, sondern eine gemeinsame Identität herbeizurufen? Bin ich neidisch – heißt: Konkurriere ich, schiebe ich andere zur Seite und verbaue ihnen dadurch die Chance, ihre Fähigkeiten einzubringen? Wie kann ich mich auf meine Aufgaben, Stärken und Erfolgswege besinnen? Bin ich von Zorn besetzt – heißt: Lasse ich Ärger in mir anstauen? Wie bringe ich es fertig, meinen Unmut zu äußern und mich direkt mit den Betroffenen auszusprechen? Bin ich geizig, engstirnig, egozentrisch – heißt: Wie kann ich mich einbringen und mein Wissen besser fließen lassen? Bin ich maßlos – heißt: Wie kann ich mehr Bodenhaftung erlangen und die Relationen besser beachten? Bin ich schamlos – heißt: Wie komme ich zu einer respektvollen Grundhaltung zurück, und wie kann ich mich für die Menschen einsetzen?

Finde das rechte Maß

Die Wertekompetenz der Achtsamkeit ist eng mit der Tugend des rechten Maßes verbunden. Gerade in stressigen Zeiten gilt es, eine Antenne nach außen zu haben, um sich immer wieder auf neue Situationen einzustellen und seine Haltung zu justieren. Wenn sich Vorzeichen verschieben, verschieben sich oft auch die Maßstäbe. Mitarbeiter macht das unsicher: Heute ist Qualität die oberste Maxime, morgen schon heißt es, die Produkte müssen so schnell wie möglich geliefert werden. Oder: Noch stand die Automarke für Sportlichkeit, schon will man der umweltschonendste Anbieter sein. Wie passt das alles zusammen? An was kann man sich halten? Das sind die Fragen, die aufgeworfen werden, und nicht immer ist dies nur mit einem Satz zu klären. Denn der richtige Neuansatz, das Angemessene muss erst gefunden werden. Das ist ein Prozess aus vielen Abstimmungsrunden. Diesen Prozess gilt es auszutarieren und auszuhalten.

Ein IT-Unternehmen geht dabei folgendermaßen vor: Zum wöchentlichen Jour fixe des Managements werden Mitarbeiter eingeladen. Im Besprechungsraum sind ein Innenkreis und ein Außenkreis aufgestellt. Im ersten Teil der Besprechung hören die Mitarbeiter dem Management zu, wie es die Geschäftslage analysiert und den Ausblick formuliert. Im zweiten Teil sitzen die Mitarbeiter innen und die Führungskräfte hören von außen zu. In Dialogform schildern die Mitarbeiter die Situation des Unternehmens von ihrer Warte aus, benennen Probleme und Ideen und diskutieren die Aussagen des Managements. Es werden alle Mitarbeiter eingeladen, jede Woche kommen andere, so dass übers Jahr verteilt alle Sichtweisen Gehör finden und beachtet werden. Im Aufeinander-Hören finden die verschiedenen Ansichten Beachtung und führen zu einem Abwägen von Argumenten und zu einem Findungsprozess.

Folge dem weisen Arzt
Wenn Führungskräfte wie der Elefant im Porzellanladen über alles hinweggehen, dann kann die gemeinsame Suche nach dem richtigen Maß nicht funktionieren. So poltert der Chef eines Industriebetriebes: »Wieso bin ich hier der Einzige, der etwas bewegt?« Er bemerkt überhaupt nicht, dass er sich ständig über die Mitarbeiter hinwegsetzt und dass deshalb von deren Seite nichts kommt. Das Fingerspitzengefühl einer Führungskraft tritt dagegen im Führungsbild des weisen Arztes hervor. Unter einem Weisen stellt man sich in der Tat niemanden vor, der nur eine Richtung anerkennt, keinen, der spitz argumentiert und

polarisiert, sondern einen gut gelaunten Zuhörer, dem nichts entgeht und der die Teile zu einem Ganzen zusammenfügen kann. Ein weiser Arzt schaut nicht nur auf ein Symptom, sondern versucht alle Ursachen und Zusammenhänge in den Blick zu nehmen. Nur auf diese Weise kann eine Heilung in Gang gesetzt werden.

Gezeichnet wird hier das Bild einer Führungskraft, die etwas an sich heranlässt, die aus ihrer inneren Mitte heraus agiert und auf diese Weise zu abgewogenen und besonnenen Entscheidungen kommt. Auch wenn Manager unter harten Zielanforderungen führen müssen, gibt es doch so etwas wie eine Weisheit des Führens. Sie gründet in der menschlichen Reife des Führenden und einer daraus resultierenden Weltoffenheit. Und sie führt über in Weitsicht und bildet damit den Ausgangspunkt für die zweite Wertekompetenz: die Sinnerschließung.

Die Sinnerschließung

Hoch qualifizierte Mitarbeiter verlassen ein Unternehmen zumeist nicht wegen des Gehalts, sondern wegen der fehlenden Qualität des Managements. Ein Personalberater hat dazu folgende Erfahrung gemacht: »Wirklich gute Leute frustriert es, wenn die Unternehmensführung nicht in der Lage ist, in größeren Dimensionen zu denken und eine Leitidee vorzustellen, die jedem Einzelnen eine Perspektive eröffnen kann.« Deswegen gilt: Der Erste einer Gruppe soll derjenige sein, der die Gruppe am weitesten nach vorn bringt. Ein Geschäftsführer, ein Vorstand, ein Abteilungsleiter zeichnet sich eben dadurch aus, dass er weiter nach vorn schauen kann als seine Mitarbeiter und dass er Ideen hat, wie das Unternehmen in Zukunft aussehen wird. Menschen haben ein Bedürfnis nach Ausrichtung, sie sehnen sich geradezu danach. Ist in einem Unternehmen die Linie nicht klar, wird

Energie verschwendet, weil sich jeder seine eigene Zukunft bastelt, aber die Kräfte nicht gebündelt werden.

Die Chefaufgabe Nummer eins ist die Sinnerschließung, die Formulierung einer Philosophie, eines Leitsterns, eines Zieles. Nur wenn der Weg gewiesen wird, kann sich eine Gemeinschaft formieren und zu einer Wertegemeinschaft werden, zu einer Gruppe, die sich für eine bestimmte Sache zusammenschließt. Ob ein Beitrag mehr oder weniger wertvoll ist, bemisst sich danach, ob er die gemeinsame Mission voranbringt. Ob eine Gruppe am selben Strang zieht oder nicht, kann nur mit Blick auf das gemeinsame Ziel beurteilt werden.

Dass das Erschließen von Sinn aufwendig ist, musste ein Bauunternehmer am eigenen Leib verspüren. Er kaufte eine heruntergewirtschaftete Baustoffhandlung auf, in der er aber ein großes unternehmerisches Potenzial sah. In einer Leitungssitzung breitete er seine Vision aus. Seine Begeisterung ist jedoch in keiner Weise auf die Mitarbeiter übergesprungen. Der Unternehmer spürte Argwohn. Er blickte in versteinerte Gesichter und konnte darin viele Fragen lesen: Wird uns der Zukauf in den Abgrund ziehen? Verlassen wir jetzt unser angestammtes Geschäftsfeld? Oder schlicht die Sorge: Baut der Chef Mist? Der Bauunternehmer hatte verstanden. Er musste seine Leute näher an seine Idee heranführen. Also organisierte er einen Bus, um den Bauleitern, den Lagerleitern und Planern bei einem Vororttermin ein Gefühl für sein Vorhaben zu geben. Bei der Rundreise konnte der Unternehmer den ökonomischen Aufschwung der Region, in der sich die Baustoffhandlung befunden hat, sichtbar machen: den Ausbau von Industrieanlagen, das Entstehen von Neubaugebieten, die Ausweitung des Straßennetzes. Im Bus wurde bald heftig über Quadratmeterpreise diskutiert, über die Kapazität von Kläranlagen und die Entfernung zum nächsten Flughafen. An der Wachstumsgeschichte und an dem Sinn einer Baustoffhandlung im großen Stil zweifelte keiner mehr.

Die Sinnerschließung, das ist in diesem Beispiel gut zu erkennen, ist ein zweistufiger Vorgang. Zunächst muss eine Vision entwickelt werden. Das reicht jedoch nicht aus. In einem zweiten Schritt muss der Sinn für alle anderen erschlossen werden. Jeder Einzelne muss einen Zugang dazu finden, sich damit auseinandersetzen, selbst ein Bild gewinnen und sich persönlich zuordnen. Visionäre Führungskräfte haben oft einen anderen geistigen Standort. Sie leben in ihren Vorstellungen und Gedanken viel weiter in der Zukunft als alle anderen. Deshalb ist es so wichtig, anderen etwas erklären zu können, ein Bild der Zukunft vermitteln und überzeugen zu können. Das heißt jedoch nicht, dass Führungskräfte ihr Zukunftsbild »eindampfen« müssen, nur damit jeder damit leben kann. Ohne die Zukunftsentwürfe der »Vorseher« ist die Zukunft eines Unternehmens im wahrsten Wortsinn nicht vorstellbar.

Sehe vor

Führen bedeutet, den Mitarbeitern ein Bild der Zukunft aufzuzeigen. Gute Führungskräfte sind Vorseher. Sie müssen keine Hellseher sein oder fantastische Entwürfe liefern. Wichtig aber ist es, einen Rahmen zu zeichnen, in den die Mitarbeiter ihr tägliches Tun einordnen können, der Identität und damit Handlungssicherheit verleiht. Der Marketingmitarbeiter einer Bank kann ohne eine Leitvorstellung kein Profil nach außen kreieren. Der Kundenberater kann nicht gezielt verkaufen, wenn ihm selbst nicht bewusst ist, was das Besondere seines Hauses ist. Das Bankgeschäft ist ein gutes Beispiel bei Fragen der Identität und der Ausrichtung, weil die Produkte und Dienstleistungen der Wettbewerber im Grunde sehr ähnlich sind. Was also soll den einzelnen Mitarbeiter leiten? Wenn in einer Bank beispielsweise »Beziehungsqualität« als spezifisches Kriterium und Unterscheidungsmerkmal definiert wird, dann kann das ein solcher Ankerpunkt sein, und der Mitarbeiter kann sich darauf fokussieren. Er kann und muss seine Vorgehensweise darauf abstimmen und sich Gedanken machen, ob ein spezieller Kunde eher der Detailtyp ist und viel Hintergrundinformation will oder ob ein Kunde das Prinzip »Je einfacher, desto besser« bevorzugt.

Die Fokussierung auf ganz bestimmte Aufgaben und Tätigkeiten ist in Veränderungssituationen ein herausragender Erfolgsfaktor. Wenn Führungskräfte Prioritäten setzen und den Fokus klar umreißen, fällt es den Mitarbeitern leichter, sich auf das Wesentliche zu konzentrieren und effizient zu arbeiten.

Sei klar

Fokussierung gründet in der Tugend der Klarheit. Wenn die Leitplanken gesetzt sind, können die Mitarbeiter Fahrt aufnehmen. Klarheit zu schaffen heißt, deutlich zu machen, was geht und was nicht geht, ein deutliches Ja und ein deutliches Nein auszusprechen. Der Vorseher muss die Intention, den Fokus vor Augen haben. Nur auf diese Weise können die Kräfte vereint werden. Vor dem Spiegel stehend kann sich eine Führungskraft fragen: Bin ich für mich selbst klar? Ist jedem Mitarbeiter klar, wofür das Unternehmen steht? Sind alle im Unternehmen auf das Wesentliche fokussiert?

Führungsgremien beschäftigen sich viel mit Detailfragen. Das gemeinsame Nach-vorne-Schauen, das Schärfen und Nachschärfen der Ausrichtung, die Präzisierung und Verdichtung der Grundbotschaften kommen viel zu kurz. Der Managementforscher C. O. Scharmer hat darauf hingewiesen, wie wichtig es für Managementteams ist, sich ein gemeinsames Bild der Gegenwart und der Zukunft zu schaffen. Selbst wenn Ziele formuliert sind, werden diese oft unterschiedlich interpretiert. Für »die Mannschaft« wirkt sich das verheerend aus, weil unterschiedliche Forderungen ankommen und dadurch Verwirrung ausgelöst wird. Deshalb ist ein Prozess des »gemeinsamen Schauens« in Führungsgremien unabdingbar. Managementteams, die sich die

Zeit nehmen, um ihre Zukunftsvorstellungen zu beschreiben, bemerken schnell, dass ein gemeinsames Bild nicht selbstverständlich ist, sondern dass es klar umrissen und immer wieder angepasst werden muss.

Folge dem geistigen Vater
Die Führungsleitlinie »Sehe vor« wird im Führungsbild des geistigen Vaters plastisch. Der geistige Vater inspiriert seine Mitarbeiter. Er gibt Impulse, denkt laut nach. Er streut keine vollständigen Lösungen ein. Eher gibt er eine Denkrichtung an. In der Praxis kann das so aussehen: Der Entwicklungsleiter eines Elektrogeräteherstellers steht mit einem seiner Ingenieure bei einem Espresso zusammen und meint zu ihm: »Überlegen Sie doch einmal, wie man die Bedienbarkeit des Gerätes A so einfach machen kann, dass ein Neunjähriger und ein Neunzigjähriger ohne Anleitung klarkommen.« Der Leiter eines Trainingsinstituts regt seine Trainer an: »Wie könnte ein Werkzeug aussehen, das Führungskräfte und Mitarbeiter jeden Tag benutzen können, um besser miteinander zu kommunizieren?«

Inspiration ist kein einmaliger Akt, der mit der Formulierung einer Vision oder eines Leitbildes endet. Inspiration muss täglich stattfinden, täglich dreimal, fünfmal. Der Begriff »Sinn« kommt vom althochdeutschen *sinnan*, was so viel bedeutet wie Reise oder Wanderung. Der Sinn erschließt sich im gemeinsamen Nach-vorne-Gehen. In einer sich schnell wandelnden Welt wird die Sinnerschließung, die Richtungsangabe, die Definition der Leitplanken zu einer Daueraufgabe. Wenn sich Vorzeichen rasant verändern, dann ist der Kompass umso wichtiger. Gerade in ungewissen Situationen zeigt sich, ob Führungskräfte zu Kurzfristdenken neigen oder ob sie sich dadurch geradezu inspiriert sehen. Große Führungspersönlichkeiten bejahen solche Situationen, weil sie dadurch vor eine Wahl gestellt werden. Sie müssen für sich etwas klären und alle Sinne und Kräfte versammeln. Dieser Zustand ermöglicht es ihnen, Weichen zu stellen und etwas Besonderes zu tun.

Vor dem Fürstenspiegel stehend kann man sich fragen: Wie interpretiere ich persönlich Ungewissheit? Sehe ich sie als Bedrohung an oder als eine Erweiterung meines Gestaltungsfreiraums? Wie geht es mir als Kapitän, wenn das Schiff im Nebel liegt und die Mannschaft nervös wird? Treffe ich gern eine Wahl, weil ich eine Überzeugung in mir spüre? Nimmt die Sinnvermittlung genügend Raum in meinem Tages- und Wochenablauf ein? Nehme ich die Ver-Antwort-ung an und gebe ich Antwort auf die Fragen der Mitarbeiter? Informiere ich nicht nur, sondern kommuniziere ich, rede ich mit den Mitarbeitern, um zu erkennen, wo der Einzelne steht? Dabei ist zu bedenken: Mitarbeiter folgen nicht in erster Linie einer Zukunftsvorstellung, sondern vor allem einer konkreten Person. Sinnerschließung ist von der Glaubwürdigkeit der Führungsperson nicht zu trennen.

Die Glaubwürdigkeit

Die Vorsehung steht immer am Anfang eines unternehmerischen Projektes. Damit ist es aber nicht getan. Um neue Wege gehen zu können, brauchen Menschen jemanden, der nicht nur mit dem Finger in eine Richtung zeigt, sondern der auch vorausgeht und der vorlebt, was zu tun ist und wie es zu tun ist. Mitarbeiter brauchen eine Leitidee, um sich orientieren und abgleichen zu können, sie brauchen aber auch jemanden, an den sie sich jederzeit halten können, nicht nur eine Idee, sondern einen Menschen. Je unsicherer eine Situation ist, umso wichtiger ist es, dass Führungskräfte nicht nur Ziele formulieren und fordern, sondern in der Alltagsumsetzung präsent sind und selbst Beispiel geben.

Wenn Menschen an etwas glauben, können sie ungeahnte

Kräfte freisetzen. Die Glaubensfähigkeit ist bei Menschen jedoch unterschiedlich veranlagt. Die einen können an etwas glauben, das weit weg ist, andere glauben es erst dann, wenn es zum Greifen nahe ist. Fest steht: Alle mitnehmen können Führungskräfte nur dann, wenn die Mitarbeiter an den Führenden selbst glauben, wenn dieser selbst glaubwürdig ist.

Wie entsteht Glaubwürdigkeit? Dazu muss einiges zusammenkommen. Glaubwürdigkeit verdient sich jemand, der zu dem steht, was er sagt, der die Höhen und Tiefen, die nötig sind, um den angestrebten Gipfel zu erreichen, durchlebt und durchsteht. Ohne Beständigkeit kann Glaubwürdigkeit nicht wachsen; und ohne das Vertrauen in den Veränderer kann Veränderung nicht gelingen. Wenn Managementpositionen nach zwei oder drei Jahren gewechselt werden, kann keine Glaubwürdigkeit entstehen. Es kann von den Mitarbeitern nicht erwartet werden, einer Führungskraft zu folgen, die bald wieder weg ist.

Große Errungenschaften, große Unternehmensgeschichten sind immer an Menschen gebunden gewesen, die an etwas geglaubt haben. Wenn der Manager kein Unternehmer ist, der für eine Idee lebt und nicht eher Ruhe gibt, bis diese sich erfüllt, darf man nicht davon ausgehen, dass viel bewegt wird.

Lebe vor
Menschen orientieren sich an Menschen. Der größte Hebel, um Mitarbeiter in eine gewünschte Richtung zu bringen, um sie zu verändern, ist das Vorleben der Führungskräfte. Man kann diesen Vorgang auch in jeder Familie beobachten. Die Kinder richten sich nur bedingt danach, was die Eltern sagen, vielmehr jedoch danach, was vorgelebt wird. Sie übernehmen die gelebte Kultur der Eltern: die Art, wie mit Geld umgegangen wird, wie Beziehung verstanden wird, welchen Stellenwert Arbeit und Freizeit einnehmen, welche Bedeutung Werte wie Individualität und Gemeinschaft haben.

Eine Kulturveränderung kann immer nur so weit gehen, wie die Führungskräfte in der Lage sind, diese vorzuexerzieren. Was nutzt es, wenn der Wert »Offenheit« auf großen Plakaten in jedem Besprechungszimmer aushängt, der Abteilungsleiter aber jemand ist, der hinter dem Rücken seiner Mitarbeiter agiert?

An jedem Tag gibt es bestimmt zehn konkrete Führungssituationen: der »Guten-Morgen-Small-Talk«; ein Kritikgespräch, der Hinweis auf das Abräumen der Tassen nach einer Besprechung, ein Kundenbesuch. Jedes Mal gestaltet die Führungskraft dabei die Unternehmenskultur. Wie bewegt sich der Vorgesetzte in diesen Einzelsituationen? Ermutigt er zur Meinungsäußerung? Wie reagiert der Chef auf die Mitarbeiterin, nachdem er mitbekommen hat, dass diese bei einem Telefonat sehr kurz angebunden gewesen war? Sagt er etwas? Sagt er nichts? Was sagt er, wie sagt er es? Wie bindet eine Führungskraft ein? Wie vermittelt sie etwas?

In einem weltweit agierenden Familienunternehmen werden die Top-Führungskräfte zum Beispiel über mehrere Jahre beobachtet. In den Vorstand aufrücken kann nur derjenige, der die Werte des Unternehmens persönlich verkörpert und auch in angespannten Situationen umsetzt. Kein geschicktes Anpassungsverhalten wird belohnt, sondern der Einsatz und das vorbildliche Eintreten für ganz bestimmte Werte. Wer einen Werteprozess beim Wort nimmt, der arbeitet an sich selbst und lebt das vor, was er von anderen erwartet und verlangt.

Sei mutig

Die Tugend des Mutes bezeichnet das Wagnis, den nächsten Schritt zu gehen, ohne genau abschätzen zu können, was passieren wird. Damit ist nicht gemeint, sich blind in etwas hineinzustürzen. Mut als Tugend verstanden ist an die Tugend der Klarheit, an eine rationale Vorstellung und auch an Vorsicht gebunden. Wer in unbekanntes Gelände aufbricht, wer Widerstände und Rückschläge zu verkraften hat, der muss wissen, was er will. Das ist letztlich auch die Quelle der Glaubwürdigkeit: nicht die Unfehlbarkeit, sondern der feste Wille gekoppelt mit Selbstkenntnis. Wenn man weiß, was man will und kann, wenn man weiß, was einem wichtig ist, wenn man sein Projekt – ein aktuelles Projekt, aber auch ein Lebensprojekt – definieren kann, dann kann man seine Energie ganz gezielt einfließen lassen. Selbstkenntnis entspringt aus einem guten Kontakt zu seinen eigenen Ressourcen. Wer in gutem Kontakt zu seinen biografischen Wurzeln und Talenten, zu seinen Werte- und Lebensvorstellungen, Ängsten und Wünschen steht, der hat genügend Bodenhaftung, um auch in schwierigen Lebenslagen nicht umzufallen. Glaubwürdigkeit resultiert aus Selbsttreue, aus dem Mut, man selbst zu bleiben, auch wenn sich äußere Umstände ändern. Stark ist nicht derjenige, der vorgibt, etwas zu sein, und sich dabei selbst etwas vormacht, sondern der, der seine Schwächen kennt, mit ihnen lebt und sie weder nach außen hin verwischt noch nach innen verdrängt; einer, der an sich arbeitet. Gute Indikatoren für Mut in diesem Sinne sind die Fähigkeit, sich entschuldigen und die Fähigkeit, verzeihen zu können. Wer den Mut aufbringt, sich zu entschuldigen und anderen zu verzeihen, der befreit sich und andere. Destruktive Kräfte verpuffen, produktive Kräfte werden freigesetzt, Bindungskräfte erzeugt. Glaubwürdigkeit und Vertrauen bauen darauf auf.

Folge dem strengen Meister und Lehrer

Der Mut, die eigenen Werte als Maßstab des eigenen Tuns anzulegen, entspricht dem Führungsbild des strengen Meisters. Der Meister ist streng zu sich selbst, weil er nicht abschweift, sondern sich auf seine Aufgaben konzentriert. Strenge hat auch nichts mit Strafe zu tun, sondern mit dem Einhalten dessen, was man für richtig hält. Laschheit führt zu Unzufriedenheit. Belohnt wird der Mut, sich für eine Sache zu entscheiden und diese richtig zu machen. Wenn heute oft von Nachhaltigkeit die Rede ist, dann bedeutet das auch, dass etwas nachgehalten wird, dass Menschen an etwas dranbleiben, die Umsetzung kontrollieren und dauerhaft ihre Ziele verfolgen. Nachhaltigkeit entsteht aus einem permanenten Lernen. Die Führungskraft soll deshalb wie ein Lehrer sein, so kann man es in den alten Fürstenspiegeln nachlesen. Gemeint ist damit nicht ein Dozent, der nur seine Inhalte predigt, sondern ein echter Pädagoge, der jeden erreicht. Ein guter Lehrer macht seine Schüler neugierig und begeistert sie von einem neuen Stoff. Den größten Eindruck aber hinterlässt die Lehre, wenn der Lehrer selbst Beispiel gibt und sich mit einem eigenen Stil einbringt. Der »Passepartout-Manager«, von dem der Psychologe Stephan Grünewald spricht, das Abziehbild einer Führungskraft, der sein Unternehmen oder seine Abteilung nach »Schema F« führt, der Anpassungsvirtuose mit ausgeprägter Absicherungsmanie, aber ohne eigenes Profil, ist den Aufgaben des Veränderns nicht gewachsen. Wer keine Ecken und Kanten hat, so kann man es sich bildlich vorstellen, kann auch für andere nicht griffig sein.

Vor dem Spiegel stehend kann man sich daher fragen: Was lebe ich vor? Habe ich den Mut, mich selbst zu leben? Wie stehe ich für meine Vorhaben ein? Wie glaubwürdig bin ich? Die Glaubwürdigkeit der Führungskraft ist die Bedingung dafür, Identifikation erzeugen und Mitarbeiter an ein Unternehmen binden zu können.

Die Rückbindung

Wenn in Unternehmen viel in Bewegung und im Umbruch ist, dann kann es leicht passieren, dass die Mitarbeiter auseinanderdriften. Jeder versucht dann, für sich persönlich einen Überlebenspfad zu finden. Tendenzen wie die »Individualisierung«

oder die »Spezialisierung« verschärfen diese Dynamik. Zur Wertekompetenz zählt deshalb auch die Rückbindung der Mitarbeiter an ein Unternehmen. Gerade in Zeiten der Veränderung liegt die Stärke eines Unternehmens darin, eine Wertegemeinschaft zu bilden, die den Einzelnen in ein größeres Ganzes integriert. Bei gut ausgeprägten inneren Bindungskräften hält ein Team auch unter Belastung stand.

Um das geistige Potenzial der Mitarbeiter freizusetzen, sind simple Motivationstechniken der falsche Weg. Erst in einer geistigen und sozialen Heimat lassen sich Menschen voll und ganz ein; erst wenn sich Mitarbeiter mit einem Unternehmen identifizieren, machen sie das Unternehmen zu ihrem persönlichen Projekt. Kräfte zu binden heißt aber nicht nur, die Identifikation des Einzelnen mit dem Unternehmen zu fördern, sondern auch die Verknüpfung der unterschiedlichen Talente in einem Team. Dies fördert nicht nur das Zusammenbinden der Ichs in ein Wir, sondern führt auch zu besseren Lösungen.

Führungskräfte, die in der Vielfalt der Fähigkeiten, der Sichtweisen und auch der Typen einen echten Mehrwert erkennen, benötigen eine ganz grundlegende Fähigkeit: Sie müssen in der Lage sein, eine Einheit in der Vielfalt herzustellen, ohne einen Einheitsbrei zu verursachen. Nicht selten bauen Führungskräfte eine Monokultur um sich herum auf. Sie bevorzugen Mitarbeiter, die ihnen in Persönlichkeitsstruktur und Arbeitsstil ähneln. Dabei bleibt aber das größte Potenzial eines Teams, nämlich seine Vielseitigkeit, auf der Strecke. Diese ist nur möglich, wenn Führungskräfte etwas zulassen können, was sie nicht selbst sind, wenn sie loslassen können und wenn sie andere wachsen lassen und vorlassen können.

Lasse vor
Führungskräfte haben gelernt, sich durchzusetzen und ihren Weg zu gehen. Anderen Wege zu eröffnen oder gar andere vor-

beiziehen zu lassen, steht auf einem anderen Blatt. So hat der Arbeitsdirektor in einem Praxisbeispiel die Führungskräfte seines Unternehmens einmal aufgefordert, eine Nachfolgeplanung anzugehen. Jeder sollte seine Abteilung analysieren und aufschreiben, wen er in drei bis fünf Jahren auf welcher Position sieht. Dabei ist natürlich auch die Frage aufgetaucht, wen man als Nachfolger für die eigene Position für geeignet hält. Herausgekommen ist bei dieser sinnvollen Aktion außer Ausreden nicht viel.

Etwas zuzulassen bedeutet, von sich selbst loszulassen und etwas in die Hände anderer zu geben. Das heißt nicht, etwas komplett aus der Hand zu geben, wegzuschauen und allem einfach seinen Lauf zu lassen. Es ist eher wie das Loslassen des Fahrrades, wenn Kinder Fahrradfahren lernen. Dazu bedarf es einer Einschätzung, wie weit der »Fahrschüler« ist, bis zu welchem Punkt ein fester Griff notwendig ist und ab wann eine leichte Berührung ausreicht. Der Moment des Loslassens ist eine unsichere Situation, und es ist nicht leicht zuzuschauen, wie das Kind auf dem Fahrrad wackelt und vielleicht sogar hinfällt.

Loslassen beruht auf einem hinschauenden Vertrauen. Gute Führungskräfte übertragen Verantwortung, indem sie genau beobachten, wie sich die Situation entwickelt, und sind zur Stelle, wenn die Auftragserfüllung wackelt. Ihr Erfolgsrezept lautet: Unterscheidung. Sie schauen ganz genau, was jemandem zuzutrauen ist und wo seine Fähigkeiten liegen.

Sei fair
Führen heißt unterscheiden und richtet sich am Fairnessgrundsatz aus: jedem das Seine. Fair bedeutet eben nicht: jedem das Gleiche, sondern basiert auf Chancengleichheit. Jeder soll die Gelegenheit haben, sein Können unter Beweis zu stellen. Dazu gehört auch das Gewähren einer zweiten Chance. Für den amerikanischen Sozialphilosophen John Rawls ist eine so ver-

standene Gerechtigkeit die erste Tugend von Institutionen. Sie wird erreicht, indem Rechte und Pflichten transparent gemacht werden. Fairness beruht also auf Gegenseitigkeit. Was erwarten Vorgesetzter und Mitarbeiter voneinander? Was hat jeder beizutragen und was darf sich ein jeder herausnehmen, damit die bestmögliche Entfaltung individueller Fähigkeiten zu erreichen ist? Jedes Arbeitsverhältnis und jeder Neuantritt einer Führungskraft sollte mit diesen Fragen beginnen.

Chancen zu eröffnen, Talente zu fördern – das gehört zum großen Einmaleins der Führungskunst. Bezeichnend dafür ist schon ein alter Text. Er stammt von Mark Aurel. Darin schildert er seinen Stiefvater als einen außergewöhnlichen Förderer von Talenten:»Besonders auffallend war, dass er denjenigen, die irgendeine bemerkenswerte Fähigkeit besaßen, wie z.B. Redekunst, Rechtskunde, Kenntnis menschlichen Verhaltens oder anderer Dinge, den Rang nicht streitig machte und dass er sich darum bemühte, dass jeder einzelne die seinen Vorzügen entsprechende Anerkennung erhielt.« Der »Vorlasser« ist ein Talentsucher, er steht nicht im Weg, sondern bereitet anderen das Feld. Auch dies könnte eine Kennzahl in Unternehmen sein: Wie viele Mitarbeiter hat eine Führungskraft auf ein höheres Niveau entwickelt? Welcher materielle Wert ist dem Unternehmen dadurch entstanden? Wenn die Vergütung von Führungskräften an einer »Förderquote« festgemacht wird, dann wird schnell deutlich, dass der Grundsatz der Fairness nicht nur eine ethische, sondern auch eine ökonomische Kategorie ist.

Folge dem guten Hirten

Der gerechte und faire Führer ist im Führungsbild des Hirten gezeichnet. Der gute Hirte kennt jedes seiner Tiere und hat zugleich die Herde im Blick. Übertragen auf Unternehmen heißt das: Die Führungskraft erkennt die spezielle Qualität jedes einzelnen Mitarbeiters und bindet diese in die Gruppe und in das Ganze ein. Was das in der Praxis heißen kann, zeigen die Schilderungen eines Abteilungsleiters. Am Rande eines Team-Workshops reflektiert er bei einer Tasse Tee seine Erfahrungen: »Ich habe in meinem Team Denker, Gefühlstypen und Macher. Ich erlebe es täglich: Wenn ich das Zusammenspiel dieser unterschiedlichen Charaktere hinbekomme, dann sind wir unschlagbar. Die Denker sind gute Analytiker, sie gehen der Sache auf den Grund und beherrschen die Details. Die Gefühlsmenschen haben ein Gespür dafür, ob wir nach innen und außen in einem guten Fluss sind oder ob es Störungen gibt. Und die Macher sind pragmatisch und schauen, wie etwas schnell umzusetzen ist.« Der Abteilungsleiter hält bei seiner Darstellung kurz inne und reibt sich die Stirn, so als müsse er noch etwas richtigstellen. Dann fährt er fort: »Allerdings hat diese Kombination auch ihre Tücken. Während der eine schon analysiert, hat der Zweite noch kein Gefühl für die Sache entwickelt und findet sich nicht zurecht.« Er verdreht etwas seine Augen. »Das ist für mich selbst auch schwierig, weil ich mehr der Macher bin und anpacken möchte. Die Denker finden das oft völlig übereilt. Man könnte sagen: Die Bruchstellen sind vordefiniert.« Jetzt setzt sich der Manager auf seinem Stuhl zurecht: »Mein Job ist es deshalb, zu gegebener Zeit allen vor Augen zu führen, wie wir eigentlich funktionieren. Zur Aufheiterung bringe ich dann gerne die Geschichte mit dem Blinden und dem Lahmen. Einer braucht den anderen. Das Fazit ist: Wenn wir nicht kooperieren, dann kommen wir nicht richtig vom Fleck und sind nur halb so gut.«

Kooperation ist das Zauberwort für die Lösung vieler Probleme. Die Unterscheidung von Denk-, Gefühls- und Handlungstypen kann ein hilfreiches Raster dafür sein. Die Gehirnforschung bestätigt, dass Lernen erst dann stattfindet, wenn Großhirn (Denken), limbisches System (Fühlen) und Stammhirn (Handeln) zusammenarbeiten. Betrachtet man Gremien in Wirtschaft und Politik, dann gelingt diese Integration nur selten. Scheinbare Sachzwänge und Außendruck verhindern, dass man sich genügend Zeit lässt, um Gefühle zum Ausdruck zu bringen, Gedanken ganz auszuformulieren, und erst dann, wenn in einer Gruppe wirklich etwas Gemeinsames entstanden ist, zur Tat zu schreiten. Führungskräfte können den Prozess des gegenseitigen Verstehens unterstützen, indem sie erkennen, wie unterschiedlich Menschen an etwas herangehen, und den besonderen Wert jedes Einzelnen hervorheben.

Vor dem Spiegel stehend kann sich jeder fragen: Wie gut kann ich loslassen? Kann ich Vielfalt zulassen und die Einzeltalente auf das gemeinsame Ganze rückbinden? Erzeuge ich ein Klima der Kooperation?

Der moderne Fürstenspiegel im Überblick

Wertekom-petenz:	Achtsamkeit	Sinn-erschließung	Glaubwürdig-keit	Rückbindung
Leitsatz	Prüfe die innere Haltung	Sehe vor	Lebe vor	Lasse vor
Tugend	Finde das rechte Maß	Sei klar	Sei mutig	Sei fair
Führungsbild	Weiser Arzt	Geistiger Vater	Strenger Meister und Lehrer	Guter Hirte

Ausblick

Es ist erstaunlich, dass die wichtigste Funktion in Wirtschaft und Gesellschaft, dass Führung nicht wie ein richtiger Beruf gehandhabt wird. Wenn ich Führungskräfte coache und begleite, denke ich oft darüber nach, wie man vorgehen könnte, um Führungsprofis von der Pike auf auszubilden. Als Erstes fällt mir dazu immer der Leistungssport ein, wo schon in frühen Jahren Talentsichtungen durchgeführt werden. Vielleicht hängt das damit zusammen, dass auch Führen zu einem gewissen Teil Talentsache und zu einem anderen Teil Training ist. Manche behaupten, zum Führer müsse man geboren sein. Ein »Alphatier« ist man oder man ist es eben nicht, heißt es dann. Da ist etwas dran. Ich halte es mit den antiken Philosophen, die auf Tugenden bauen. Die charakterliche Prägung eines Menschen findet in den Kinder- und Jugendjahren statt und je nach Art dieser Prägung bilden sich bei dem einen Führungstugenden heraus und bei dem anderen nicht. Doch an diesen Tugenden kann ein Leben lang gearbeitet werden. Tugenden sind trainierbar; zum Beispiel Achtsamkeit, Klarheit, Besonnenheit; sogar Mut. Eine grundlegende Einstellung gegenüber der Aufgabe des Führens ist aber zweifellos bereits vorhanden, wenn Mitarbeiter in ein Unternehmen eintreten. Es gilt deshalb von Anfang an zu schauen, wie es um diese Einstellung bestellt ist: ob einen Mitarbeiter Teamarbeit und fachübergreifende Problemstellungen interessieren, wie er Kontakte gestaltet und wie er auftritt. Ich stelle mir einen Beobachtungsprozess vor: Wie geht beispielsweise ein junger Betriebswirt mit Veränderungen um? Wie gelingt es ihm, andere mitzureißen? Was wagt er und wie steht er zu dem, was er anstößt? Kann er Konflikte deeskalieren? Kann er auch eskalieren, damit allen klar wird, was los ist? Wie verhält er sich in Stresssituationen? Führungskräfte, die von außen kommen, müssen in der Probezeit gezielt daraufhin geprüft werden: Können sie Mitarbeiter mitnehmen? Können sie Mitarbeiter verbessern? Verstehen sie es, ein Team zu formen? Können sie Lust auf Leistung machen?

Oft werde ich gefragt, wie wichtig die fachliche Qualifikation einer Führungskraft ist. Viele haben schlechte Erfahrungen damit gemacht, dass ihnen »irgendeiner vor die Nase gesetzt wurde«, der keine Ahnung von der Materie hatte und nur die Zahlen sah. Ich denke mir dann, wenn derjenige echte Führungsqualitäten gehabt und neben den Zahlen vor allem die Menschen in den Blick genommen hätte, dann wäre die fehlende Fachkompetenz nicht so sehr ins Gewicht gefallen. Hilfreich finde ich bei der Frage nach der passenden Kompetenz die Kompetenzpyramide. Ein Teamleiter in der Produktentwicklung kann ohne eigene Expertise nur sehr schwer Entscheidungen treffen. Der Abteilungsleiter dagegen müsste schon ein Genie sein, um die Spezialgebiete seiner Teams vollständig zu durchdringen. Er braucht neben einem fachlichen Grundverständnis vor allem soziale Kompetenz. Er muss für eine teamübergreifende Kommunikation sorgen und mit Konflikten umgehen können. Sowohl vom Teamleiter als auch vom Abteilungsleiter ist ebenso eine Wertekompetenz zu verlangen: die Werte des Unternehmens verkörpern und leben; glaubwürdig sein; den Sinn einer Aktion in ein größeres Ganzes einordnen; Mitarbeiter an die gemeinsamen Ziele binden; der achtsame Umgang mit Werthaltungen. Je weiter man in Richtung Unternehmensspitze rückt, umso wichtiger werden diese Tugenden. Aus dem einfachen Grund: Die oberen Führungskräfte prägen die Unternehmenskultur. Wenn die Top-Manager wertekompetent sind, wenn sie authentisch sind und ein Klima der Kooperation erzeugen, einen Sinnraum, dann erst können alle anderen wirklich zeigen, was sie drauf haben. Werte liefern das Gerüst für »Kooperationsrenditen«. So drückt Birger P. Priddat

den Zusammenhang aus Wertekompetenz und wirtschaftlichem Erfolg aus. Führungskräfte brauchen ein breites Spektrum an Kompetenzen. Aber eines wird immer deutlicher: Der Unternehmensführer der Zukunft muss ein Kultur-Profi sein!

Von der Auswahl von Führungskräften habe ich gesprochen. Wie aber kann eine Führungsausbildung aussehen? Eines muss dabei von vornherein erkannt werden: Führen ist keine Wissenschaft, sondern ein Handwerk und eine Kunst. Die höchste Stufe seiner Kunst erlangt der Meister. In der klassischen Handwerksausbildung begibt sich der Handwerksbursche auf Wanderschaft und sucht sich seine Meister. Denn Kunstfertigkeit kann nur über Erfahrungswissen erworben werden. Auch Führungstalente sollten diese Gelegenheit bekommen. In jedem Unternehmen gibt es Meister auf dem Gebiet der Führung, von denen Nachwuchsführungskräfte im täglichen Tun etwas lernen können. Der Schüler schaut zu, wird unterwiesen, nimmt sich den Meister als Maß für seine Kunst. Er ahmt den Meister nach, so lange, bis er erkennt, dass er genügend gelernt hat. Dann sucht er sich noch einen Meister. Nach den Lehrjahren versucht er selbst ein Meister zu werden. Er nimmt sich das Beste seiner Vorbilder und entwickelt seinen persönlichen Stil. Einem jungen Trainer im Sport kann nichts Besseres passieren, als einige Jahre als Assistenztrainer eines Meister-Coaches zu arbeiten.

Ich stelle mir vor, dass Unternehmen eine »Schule des Führens« etablieren. Dabei wird die praktische Ausbildung durch Zuschauen und Learning-by-Doing von einem grundständigen Führungscurriculum begleitet. Ein kleinerer Teil dieses Curriculums besteht in der Vermittlung methodischer Fertigkeiten: Zielmanagement, Projektmanagement, Moderations- und Präsentationsmethodik. In vielen Unternehmen ist dieser Methodenblock gut abgedeckt, allerdings eher als Einzelbausteine denn als Teil einer integrierten Führungsausbildung. Ebenso verhält es sich mit den »Sozialtechniken« wie der Gesprächsführung oder dem Konfliktmanagement und Selbstorganisationstechniken wie dem Zeitmanagement. Der größere Teil dieser Schule des Führens setzt sich mit der Wertekompetenz auseinander. Der Grund dafür wurde in diesem Buch mehrmals hergeleitet: Führung ist vor allem eine Frage der inneren Haltung, eine Frage des eigenen Charakters und der eigenen Persönlichkeit. Eine echte Schule des Führens entlässt niemanden mit einem Diplom, der in der Aufgabe des Führens nicht seine Berufung sieht und der nicht bereit ist, sich ganz als Mensch einzubringen. Eine theoretische Ausbildung kann diese Frage nicht klären. Sie kann nur über einen persönlichen Übungsweg geklärt werden. In der Schule des Führens denken die Schüler viel über sich selbst nach. Sie finden heraus, was speziell ihr Führungsansatz ist, weil sie herausfinden, wer sie selbst sind. Für manche klingt es esoterisch und ist es schwer zu fassen, wenn zu tief nach innen geschaut wird. Ohne Innenschau aber bleibt das äußere Tun reiner Aktionismus. Man übernimmt Techniken, arbeitet damit und kann die volle Kraft dennoch nicht entfalten. Der Kern einer Schule des Führens ist eine fundamentale Durchdringung dessen, was es heißt, eine Gruppe von Menschen an ein Ziel zu bringen; und dies nicht als Schönwetterkapitän, sondern unter der Voraussetzung einer Expedition mit häufig wechselnden Vorzeichen, mit Unsicherheiten und Gefahren. Gefragt ist eine Kultur des Veränderns, bei der ein intensiver Austausch und ständiges Lernen starre Hierarchien und bürokratische Strukturen überwindet.

In seinem Buch ›Manager statt MBAs‹ kritisiert der kanadische Managementforscher Henry Mintzberg die gängige Managementausbildung. Aus seiner Sicht werden die zukünftigen Unternehmenslenker zwar zu guten Analytikern erzogen. Was aber viel zu kurz komme, sei die Fähigkeit zur Synthese, die Kompetenz, das Miteinander des Ungleichen – ungleicher Menschen, Mentalitäten und Methoden – zu organisieren, die

Kompetenz, einen Prozess des gemeinsamen Suchens und Forschens in die Wege zu leiten. Fehlt dieser Prozess, werden Unternehmen in Zukunft schlicht zu langsam sein. »Wir sind viel zu träge« – diese Kritik höre ich in den letzten Jahren immer öfter von Mitarbeitern, die bereit wären, neue Wege zu gehen, aber nicht genügend Unterstützung dabei finden.

Dass Manager umdenken müssen, gibt allein schon die Logik der Wissensökonomie vor. Das Kapital des Unternehmens, das Wissen, gehört nicht dem Unternehmen, sondern dem Wissensträger, also dem Mitarbeiter. Für viele Führungskräfte ist es aber ein ganz neuer Ansatzpunkt, ihr Hauptaugenmerk auf den Mitarbeiter zu legen. Auch wenn sich einige nur schwer damit zurechtfinden: Das klassische Hierarchiedreieck, bei dem oben bestimmt und unten umgesetzt wird, hat ausgedient. Das dynamischere Modell ist ein Geflecht an gleichwertigen Beziehungen, die sich so organisieren, dass jeder Einzelne die bestmögliche Leistung erzielt. Damit ist Hierarchie nicht abgeschafft. Jedoch findet Führung nicht »oben«, sondern in der Mitte statt – als Erster unter Gleichen. Eine gute Führungskraft ist ein Beziehungsknotenpunkt, ein Kooperationsspezialist, ein Spielmacher. Die wesentliche Aufgabe von Managern wird immer mehr die Kontaktarbeit sein, und das Fundament dafür ist die Wertekompetenz. Um dorthin kommen zu können, definiert die Kultur des Veränderns für den Einzelnen zwei Basisübungen. Die erste richtet sich nach außen: der Austausch mit Andersartigem, weil Lernen nur stattfindet, wenn Altbewährtes und Neues zusammentreffen. Die zweite Übung richtet sich nach innen: die Selbsterkenntnis, denn nur so ist persönliches Wachstum und ist ein Miteinander möglich. Übung aber benötigt Anleitung und Praxis benötigt Reflexion. Die Schule des Führens hört nicht damit auf, dass man endlich ausgelernt hat und im Unternehmen aufsteigt, sondern beginnt damit – als ein lebensbegleitender Ansatz des Nachdenkens und der Vorausschau.

Anhang

Weiterführende Literatur

Aurel, Mark: *Wege zu sich selbst*. München 2005

Clairvaux, Bernhard von: *Was ein Papst erwägen muß* (De consideratione ad Eugenium Papam). Einsiedeln 1985

Coreth, Emerich: *Was ist der Mensch? Grundzüge einer philosophischen Anthropologie*. Innsbruck-Wien 1986

Die Regel des heiligen Benedikt. Hrsg. im Auftrag der Salzburger Äbtekonferenz. Beuron 1990

Goldbrunner, Josef: *Kleine Lebenslehre der Person*. Regensburg 1980

Grosz, Andreas/Jochen Witt (Hrsg.): *Living at Work*. München 2004

Hadot, Pierre: *Philosophie als Lebensform. Antike und moderne Exerzitien der Weisheit*. Frankfurt am Main 2005

Hüther, Gerald/Wolfgang Roth/Michael von Brück: *Damit das Denken Sinn bekommt. Spiritualität, Vernunft und Selbsterkenntnis*. Freiburg im Breisgau 2008

Marquard, Odo: *Zukunft braucht Herkunft. Philosophische Essays*. Stuttgart 2003

Morrell, Margot/Stepahie Capparell: *Shackletons Führungskunst. Was Manager von dem großen Polarforscher lernen können*. Reinbek bei Hamburg 2007

Platon: Politikos; in: *Sämtliche Werke, Band 3*. Reinbek bei Hamburg 2007.

Rosa, Hartmut: *Beschleunigung*. Frankfurt am Main 2005

Schmid, Wilhelm: *Mit sich selbst befreundet sein*. Frankfurt am Main 2004

Schulze, Gerhard: *Die beste aller Welten*. Frankfurt am Main 2004

Seneca: *De clementia. Über die Güte*. Stuttgart 2007

Sloterdijk, Peter: *Du musst dein Leben ändern. Über Anthropotechnik*. Frankfurt am Main 2009

Wüthrich, Hans A./Dirk Osmetz/Stefan Kaduk: *Musterbrecher. Führung neu leben.* Wiesbaden 2006

Zimmerli, Walther Ch.: *Spurwechsel. Wirtschaft weiter denken.* Hamburg 2006

Bildnachweis

S. 18: Die Isbjoern, ein Schiff der Spitzbergen-Expedition, handkoloriertes Glasdiapositiv, 1872. ullstein-bild-Imagno/VHS-Archiv.

S. 84: Avila nach Raffael, Die Schule von Athen, Radierung, 1722. akg-images.

S. 166: Vincent van Gogh, Maulbeerbaum, Öl auf Leinwand, 1889. Norton Simon Collection, Pasadena, CA, USA/ The Bridgeman Art Library Nationality.